有 自 控 力 的 人 左 右 生 活， 没 自 控 力 的 人 被 生 活 左 右

一天一堂
心理自控课

Yi TIan Yi Tang Xinli Zikongke

成人不自在，自在不成人。将自我约束变成一种习以为常，
让自我调控，成为每天进步的习惯保障。

郑一/编著

如果你经常制订计划却不能够按计划实施，
如果你经常下决心却屡屡放弃，
如果你明知道一件事情是错的却忍不住去做，
那么，你正需要本书。

管好自己才能飞，
成就人生和事业的心理课程

一堂心灵瑜伽课，
让你掌控自己的时间和生活

中国纺织出版社

内 容 提 要

有自控力的人左右生活，没自控力的人被生活左右。自控力是对自己心理的一种控制，从而拥有强大意志力、自律力和人生规划力。

本书告诉读者什么是自控力，自控力如何发生作用以及如何提高自控力的实用方法，教会读者在日常的工作和生活中应用这种力量。同时本书针对人们常犯的错误进行了详细分析，并且针对意志力弱、懒惰、拖沓、情绪不稳等问题提出了全新的解决方法，让你由内而外掌控自己的工作、生活和命运。

图书在版编目（CIP）数据

一天一堂心理自控课 / 郑一编著. —北京：中国纺织出版社，2016. 3（2022.6重印）
ISBN 978-7-5180-2305-9

Ⅰ.①一… Ⅱ.①郑… Ⅲ.①自我控制—通俗读物
Ⅳ.①B842.6-49

中国版本图书馆CIP数据核字（2016）第013397号

责任编辑：闫　星　　　　责任印制：储志伟

中国纺织出版社出版发行
地址：北京朝阳区百子湾东里A407号楼　邮政编码：100124
邮购电话：010—67004461　传真：010—87155801
http：//www.c-textilep.com
E-mail：faxing@c-textilep.com
三河市延风印装有限公司印刷　各地新华书店经销
2016年3月第1版　2022年6月第3次印刷
开本：710×1000　1/16　印张：16.5
字数：189千字　定价：49.80元

前　言
PREFACE

生活中的人们，不知道你是否有这样的困扰：为什么你总是把工作拖到最后一分钟才做？为什么你刷爆了信用卡时，才发现自己买的完全是根本用不上的东西？为什么你会突然失控，对周围的人大发脾气？为什么你会在美食面前完全失去抵抗力，让你的减肥计划就此泡汤……其实这是因为你的自控力不强。要改变这一切，从发现你的意志力潜能开始……

所谓自控力，即自我控制的能力。自空指对一个人自身的冲动，对感情、欲望施加的控制。自控力是一个人成熟度的体现，没有自控力，就没有好的习惯。自控力属于意志力的范畴，一个人的自控力如何，直接关系他的健康、人际关系乃至事业成败，所以，日常生活中，我们都应该学会掌控各个方面，包括吃什么、做什么、说什么、买什么。

不得不承认的是，很多人都认为自己意志力薄弱、自控力不强——做事拖拉、爱发脾气、到处抱怨、生活一团糟，我们其实并非天生如此，只是我们的意志力暂时被耗尽了。不过我们也发现，为了帮助人们提高自控力，我们周围也有一些书籍，它们针对人们自身存在的某些意志力问题提出了建议，它们会为你制定出某个目标，甚至会告诉你如何达到目标。但无论是针对减轻体重还是指导你获得财富自由，人们的梦想似乎很少成真，只有少数人作出了改变。为什么意志力的问题如此困扰人们？要做到自控就这么难吗？

其实，自控的第一步还是要做到认识自我，也就是认识到自己的意志力存在问题。所以，在本书开头的章节中，对于人们在日常生活中常见的一些错误，我们给予了分析。而接下来的部分，对于困扰不少人的一些意志力问题，我们也提出了具体的解决方法。你常在哪些地方失控？失控的原因又是什么？我们怎样才能从失败中汲取经验，为成功铺平道路？我们将寻找方法，助你提高意志。

总之，一个人要追求成功和幸福，就需要有较强的自控力。自控力是成功和幸福的助力、保障，同时也是一个人性格坚强与否的重要标志。而本书精选了心理学大师们有关自控能力和意志力的研究成果，用一个个贴近生活的实例，向读者生动地展示了何谓意志力，哪些事情会消耗自己的意志力、如何更合理地使用意志力来提高自控能力，以及如何快速恢复意志力。读完本书，相信你能对自己在日常生活中的一些失控行为有更全面的了解，进而客观地分析自己，然后行动起来，从而更有效地掌控自己的工作、生活和时间乃至整个人生。

编著者

2015年5月

目录

CONTENTS

第01章
与自己对抗，自控从“心”开始

人生在世，每个人都渴望有一番作为，但事实上，并不是所有的人都取得了最后的成功，其中主要原因之一就在于是否有自控力。我们可以说，那些最有力量的人是能掌控自己的人。掌控自己才能掌控自己的人生，一个缺乏自控力的人如果妄谈成功，那就像盲人在谈论颜色。而所谓自控力，即自我控制。是指对一个人自身的冲动、感情、欲望施加的控制。其实学会自控并不难，我们只要学会控制自己的心，因为自控力本身由心而来，只要我们遇到事情多想想要不要去做，后果会怎样，相信我们一定能控制好自己的言行。

好逸乃人之本性，成功从自控开始

古人云：“天将降大任于斯人也，必先苦其心志，劳其筋骨，饿其体肤，空乏其身，行拂乱其所为，所以动心忍性，曾益其所不能。”古之成大事者，往往能做到“动心忍性”。而这种自制力的来源就是自控心理，一个人只有认识自我，才能战胜自我、超越自我。金无足赤，人无完人，人最大的敌人就是自己。只有能够战胜自我的人，才是真正的强者。很多时候，一个人是否有自控心理，是否有自控力，它的意义就好像汽车的方向盘对于汽车一样。不难想象的是，一辆汽车，如果没有方向盘的话，它就不能在正确的轨道上运行，最终也只能走向车毁人亡。而一个自控心理强的人，就像一个有着良好制动系统的汽车一样，能够在很大程度上随心所欲，到达自己想要去的任何地方。因此，我们可以说，美好的人生，就是从自控心理开始的。

巴西球员贝利，被人们称为“世界球王”、“黑珍珠”，在很小的时候，他就在足球上表现出惊人的才华。

那次，贝利和他的同伴们刚踢完一场足球赛，已经筋疲力尽的他找小伙伴要了一支烟，并得意地吸起来。这样，原先的疲劳就烟消云散了，然而，这一切被他的父亲看在眼里了，父亲很不高兴。

晚饭后，父亲把正在看电视的贝利叫过来，很严肃地问：“你今天抽烟了？”

“抽了。”贝利知道自己做错了事，但也不敢不承认。

令他奇怪的是，父亲并没有发火，而是站起来，在房间里来回踱步，接着说：“孩子，你踢球有几分天资，也许将来会有出息。可惜，抽烟会损害身体，你现在如果抽烟了，将使你在比赛时发挥不出应有的水平。”

听到父亲这么说，小贝利的头低得更低了。

父亲又语重心长地接着说：“虽然作为父亲的我，有责任也有义务教育你，但真正主导你的人生的是你自己，我只想问问你，你是想继续抽烟，还是做一个有出息的足球运动员呢？孩子，你已经长大了，应该懂得如何选择了。”说着，父亲从口袋里掏出一沓钞票，递给贝利，并说道：“如果你不想做球员了，那么，这笔钱就拿给你做抽烟的经费吧！”父亲说完便走了出去。

看着父亲的背影，贝利哭了，他知道父亲的话有多大的分量。他猛然醒悟了，他拿起桌上的钞票还给父亲，并坚决地说：“爸爸，我再也不抽烟了，我一定要当个有出息的运动员。”

从此以后，贝利再也不抽烟了，不但如此，他还把大部分时间都花在刻苦训练上，球技飞速提高。15岁参加桑托斯职业足球队，16岁进入巴西国家队，并为巴西队永久地拥有“女神杯”立下奇功。如今，贝利已成为拥有众多企业的富翁，但他仍然不抽烟。

欲胜人者先自胜！胜人者有力，自胜者强。谁征服了自己，谁就取得了胜利。学会自控，征服自己的一切弱点，正是一个人伟大的起始。但凡成功的人，都有极强的自控力。的确，自控心理能帮助我们抵制很多不良习惯，如懒惰、拖延等；能缓解不良情绪，如冲动、愤怒、消极等；能抵御外界形形色色的诱惑等。如果你无法自我控制，那么，那些不良行为和情绪就会占据主导地位，从而控制你。那么，你很快就会失去奋斗的激情、学习的动力，甚至偏离人生的正确方向，误入歧途。

可见，我们每一个人，都应该认识到自控心理对于人生发展的重要性。所谓自控，顾名思义，就是自我控制。一个人只有坚决地约束自己、战胜自己，最终才能战胜困难，取得成功。其实学会自控并不难，我们只需要做到控制自己的心，只需要在遇到事情时多想想要不要去做，后果会怎样，就一定能控制好自己的言行。

保罗·盖蒂是美国的石油大亨，但谁也没想到的是，他曾经是个大烟鬼，烟抽得很凶。

曾经有一次，他在一个小城市的小旅馆过夜，半夜的时候，他的烟瘾犯了，就想找一根烟抽，但他摸了摸上衣的口袋，发现是空的。他站起来，开始在包里、外套的口袋里等地方寻找，可是都没有。于是，他穿上衣服，想去外面的商店、酒吧等地方买。没有烟的滋味真难受，越是得不到，就越想要，他当时就是很想抽烟。

就在保罗·盖蒂穿好出门的衣服，伸手去拿雨衣的时候，他突然停住了。他问自己：我这是在干什么？

保罗·盖蒂站在门口想，一个应该算的上相当成功的商人，竟然在半夜要冒雨、走几条街去买一盒烟。没多会儿，盖蒂便下定决心，把那个空烟盒揉成一团扔进纸篓，脱下衣服换上睡衣回到了床上，带着一种解脱甚至是胜利的感觉，几分钟就进入了梦乡。

从此以后，保罗·盖蒂再也没有拿过香烟，当然他的事业也越做越大，成为世界顶尖富豪之一。

这里，我们看到了一个真正的强者，他懂得约束自己的行为，懂得为自己的所作所为负责。这样的人一定能在人生的道路上把握好自己的命运，不会为得失而越轨翻车。

我们听过这样一句话：“上帝要毁灭一个人，必先使他疯狂。”这句话的意思是，一个人，一旦失去自制力后，那么，他离灭亡的距离也就不远了。的确，一个人连自己的行为都不能控制，又怎么能做到以强烈的力量去影响他人，获得成功呢？

自控小贴士

失去控制的人生最终会使你失败。唯有自制的人，才能抵制诱惑，有效地控制自身，把握好自我发展的主动权，驾驭自我。一个人除非能够控制自我，否则他将无法成功。

诱惑与危险对自控力的威胁

我们知道，一个能战胜自己的人是无敌的。通常，我们遇到的最强大的对手往往不是别人，而是自己。我们要想参与激烈的竞争，并在竞争中取胜，就必须首先做到自控。一个有自控心的人能够不断地克服陋习、完善自己；而一个不能自控的人会被自己的一个小缺陷轻易地击败。人或强大或弱小，是由能否战胜自我而决定的。然而，并不是所有的人都能控制自己的行为，这是因为很多时候，我们生活的世界里，总是会出现一些动摇我们内心的威胁，这些威胁让我们摇摆不定，忘却了应该如何做正确的决定，甚至做出错误的事来。关于自控力的威胁，我们可以总结为两大类：

一、危险逼近的时候。

当我们遇到危险的时候，我们会本能地抵抗，比如，当别人用武器击打我们，我们会用手挡住自己的头部，然后可能会自卫反击；当别人辱骂我们时，我们可能会以牙还牙；当别人做了一些对我们不利的事情时，我们会生气、愤怒……事实上，事后我们会发现，这些行为并不一定是正确的，甚至有时候会让我们陷入情绪带来的恶性循环中，愤怒与生气以及其他一些负面情绪对于解决危险因素本身并无益处，反而会让我们找不到头绪，此时，“心”的自控很重要，我们应该学会把注意力和感知力集中在危险源和周边的环境上，而非自身或其他什么东西。

曾经，有一个经验丰富的高级间谍被敌军抓住了。他立即想到，要想逃脱，就必须装聋作哑。当然，敌军也怀疑他是否真的不会说话。于是，他们开始运用各种方法盘问他，无论是诱惑还是欺骗，他都不为所动。于是，到最后，敌军审判官只好说："好吧，看起来我从你这里问不出任何东西，你可以走了。"

这个间谍心里当然明白，这只不过是审判官检验他是否说谎的一个方法而已。因为一个人在获得自由的情况下，内心的喜悦往往是抑制不住的，如果他此时听到审判官的话后立即表现出很愉快或者激动起来，那么，就证明他听得到审判官的话，他也就不打自招了。因此，他还是站在原地，反复审问还在进行。最后，这名审判官不得不相信，他真的不是间谍。

就这样，有经验的间谍的生命，以他特有的自制力，保存了下来。

看完这个故事，我们不得不惊叹，多么精明的间谍。此处，他之所以能保存自己的生命，就在于他拥有超强的自控力，假如他在获得自由的情况下没有抑制住内心的喜悦，那么，他势必会露出破绽而丧失存活的机会。

在这一问题上，拿破仑·希尔也是这样做的。每当他遇到别人用难听的言辞来批评他时，他总能做到自我屏蔽，让自己免除无谓的烦恼。从那个时候起，拿破仑·希尔便结交了更多的朋友，而减少了很多的敌人。这成为拿破仑一生中一个非常重要的转折点，他说："我知道，一个人只有先具备了自控能力，才能去控制别人。"

二、诱惑逼近的时候。

当一人遭遇诱惑时，他的大脑会自动地释放出一种叫做多巴胺的神经递质，它进入大脑后会控制注意力、动机和行动力的区域。

诚然，我们每个人都有欲望，这是不可能消除的，但我们必须学会对抗和控制它。尤其是在物质财富极大丰富、文化多元的现代社会，我们如果不能控制欲望，那么，就很容易迷失自我。

有一家大公司准备用高薪雇用一名小车司机。经过层层筛选和考试之后，只剩下3名技术最优良的竞争者。主考官问他们："悬崖边有块金子，你们开车去拿，认为距离悬崖多近而又不至于掉落呢？"

“2米。”第一位说。

“0.5米。”第二位很有把握地说。

“我会尽量远离悬崖，愈远愈好。”第三位说。

结果第三位竞争者被留了下来。

可见，对于诱惑，你没有必要去和它较劲，而应该离得越远越好。

总之，在诱惑尤其是不良诱惑面前，我们一定不能“上当”，而应该做到：一旦树立你找准的目标，就要一心一意，更要懂得外界的诱惑对你来说就是成功道路上的绊脚石。并且这些绊脚石和我们生活中遇到的困难不一样，不能把它当作垫脚石，而是要远离这些诱惑，更要学会抵制诱惑。这样，我们才会离成功更进一步。

自控小贴士

危险和诱惑是对我们的意志力的威胁，要提高自己的意志力，对抗这两种威胁，我们需要从“心”做起，你应该问自己的是“我的身体到底在做什么”？而不是“我到底在想什么”。当你得出正确的答案时，你就能采取正确的行动了。

先思考再行动，自控先“控心”

生活中，我们每个人都需要有一定的自控力，自控力是一个人成熟度的体现。没有自控力，就没有好的习惯。没有好的习惯，就没有好的人生。所谓自控力，是指对一个人自身的冲动、感情、欲望施加的正确控制。然而，生活中，我们常常会遇到一些扰乱我们脚步的事，它要么让我们产生坏情绪，或开心、或悲伤、或愤怒、或懈怠，如果我们跟着情绪走不进行自控的话，那么，我们就可能会因为一时冲动而做出让自己后悔的事来。其实，要解决这一问题，我们首先要学会“控心”。我们在心情激动前，不妨先深呼吸一下，让自己冷静下来，那么，便能远离冲动，抑制激动，驶向开心的彼岸。

有一天，小林和老公去购物，走进一家裤行。

小林走近一位售货员，问：“有靴裤吗？”售货员本来低着头，瞟了小林一眼，不耐烦地说：“长靴还是短靴？”小林说：“长靴。”“中间一排。”小林看了看，看中一条绒布料的，就伸手去拿，忽然从背后传来了叫喊声：“别拽别拽。”小林就停了下来，那个售货员正在给另一位顾客拿裤子，并牢骚满腹：“烦死我了。”随后鼻子不是鼻子，脸不是脸地对小林说：“哪条？”一见那架式，小林着实有点生气了，但她深呼吸了一下，还是忍住了，觉得不值得计较。于是她不买了。她迅速地走向门口，丈夫正在那等她。正好，店主人也在门口，看见了刚才发生的事，便找了另一位售货员，要为小林服务，这个服务员说：“您可真是海量啊，一般去她那买衣服的人，没有不和她吵架的，您的修养可真是少见。”小林一听，倒也挺开心的。

小林面对这样的售货员，没有和她理论，而是先深吸了一口气，调整了自己的情绪，然后离开了，她获得了别人对她修养的肯定。这就是一种自控能力。其实，本应该如此，何必生气呢？如果和她斤斤计较，只会徒增烦恼。

无论遇到什么情况，激动都会使人做出失去理智的事，它给人带来的负面影响可能远远大于我们的想象，会给我们的生活带来深远的影响。

人在遇到一些或悲或喜的事情时，都会激动，并且很难一下子冷静下来，所以当你察觉到自己的情绪非常激动，眼看要控制不住时，一定要及时地转移注意力、克制冲动的情绪，对此，我们可以尝试以下几种让自己的行为慢下来的方法：

第一，放慢语速，调整心情。

如果你在说话，你可以试着让自己的呼吸均匀下来，然后作自我暗示：“放松，冷静。”如果你的情绪很激动，那么，你不妨先闭上眼睛，然后想想让自己高兴的其他事情，并尝试着站在其他人的角度审视自己的行为，慢慢地，你就能冷静下来了。

你也可以尝试一下“数数法”法。不过这里的数数，并不是按照常规数字顺序，因为这样做不会启动我们的理性程序，而应该打乱顺序，比如，1、4、7、10…这样一来，你的理性思考能力就渐渐地恢复了。

描述法也许能帮到你。比如，你可以这样描述，“这个茶杯是黄色的……他穿的毛衣是黑色的……”数10~12项物体的颜色，之后你会发现自己冷静多了。

第二，理智思考，替换非理性的“自发性念头”。

你要明白的一点是，真正让你产生不良情绪的是我们的想法，而不是别人的行为。换句话说，不是发生了什么事，而是我们如何解释事件，才会决定产生的情绪。

例如，你可以告诉自己：“我知道我的能力是极佳的，不会因为你的一句话而影响我！”这样自我暗示，愤怒自然就无处可生，而会被其他情绪所替代。

第三，你可以使用建设性的内心对话。

既然想法是导致情绪的主因，容易动怒的人就应该加强内心的想法，准备一些建设性的念头，以备不时之需。例如，“不论如何，我都要平静地说，慢慢地说。”“我才不会生气，生气就等于暴露了自己”等。

还有一点，就是在我们控制住冲动的情绪后，还要重新思考，努力地打开心结，为什么会有冲动的情绪，为什么自己不能从一开始就看开点儿，为什么不能很好地控制情绪，这样才能从源头遏制冲动。

总之，遇事先告诉自己要三思而后行是一种有效的转移激动情绪的方法，你应该反复地告诉自己，千万别立刻发泄，否则就会“伤”了自己，也会伤害他人。

自控小贴士

生活中令我们激动的事情实在太多了，这无可厚非，但我们必须要做到自控，最有效的做法就是先让自己放慢速度，而不是给自己加速（比如应激反应）。“三思而后行”就是让你慢下来。

不断训练，逐步获得自制力

我们知道，意志力被认为是一个人心理素质优劣、心理健康与否的衡量标准之一，也是人生未来成功的关键因素之一。自控力是意志力的一个重要方面，生活中的每个人，在追逐人生目标的过程中，都必须在自控力这方面训练自己，它不仅能对当下我们的性格品质的形成有帮助，而且对今后的人生道路也有很大的影响。

韩愈自幼父母双亡，是哥哥嫂嫂把他抚养成人，因此，他比一般的孩子更成熟、更努力。从七岁开始，他便出口成章。后来，哥哥因为官场受牵连，被贬岭南。他只好和哥哥嫂嫂一起搬迁。又过了几年，哥哥死了，他跟着嫂子、带着哥哥的灵柩从岭南回到中原。那时，兵荒马乱，只得半路停在宣州（今安徽宣城）。可以说韩愈命途坎坷，历尽艰苦。

尽管生活如此凄苦，但韩愈并没有被打垮，反而更激发了他对学习的热情。在后来的《进学解》一文中，韩愈曾借学生的口气说出了他在治学方面所下的工夫：“焚膏油以继晷，恒兀兀以穷年。”这句话的含义是：白天需要苦读，即使到了夜里，还是会点煤油灯继续用功，努力不懈。正是靠着这样的努力，韩愈的学问才如此精湛，尤其是散文写得气势磅礴，文采斐然，成为“唐宋八大家”之首的大文豪。

韩愈的一生坎坎坷坷，但勤奋的他最终取得了文学上的辉煌。人的本性中，有很多消极的部分，其中就有惰性，无疑，懒惰是成功的障碍。而克服惰性，你就需要自制。反之，如果一个人自认为是聪明的就不继续学习，那么，他就无法使自己适应急剧变化的时代，就会有被淘汰的危险。

当然，我们需要控制的不仅仅是惰性，还有诱惑、贪婪、自私等，那么，我们应该如何增强自己的自制力呢？可以从以下几个方面训练自己：

一、充分预测困难，做好准备。

无论做什么事情，都需要专注。在朝着这个目标去做的过程中，会有很多困难接踵而至。如果在做事之初没有准备好，那么这样的突袭会很容易使你的意志溃不成军。所以在做每件事情之前，都要充分预测可能遇到的阻碍和诱惑，并为之做好准备，想到应对的办法。

二、全局思考。

通常情况下，当我们想去做一些不必要的事情寻求快乐的时候，为了让自己心安理得，我们会给自己找一些借口，比如，郁闷、没心情学习等，这些借口大部分是过分强调即时性，实际上我们是有意识地过分夸大了这些看似紧急但毫无意义的事情。这时我们可以微笑着问自己："是不是借口？"然后我们从全局来考虑：我们是不是要追求远大的目标，长久的快乐？我们的人生目标难道是看更多的精彩节目？这些即时的东西对我们有什么实质的帮助？相比学习，如果去贪图眼前的小快乐，自己将会损失那个远处的大快乐，值不值？权衡之下，你会作出明智的决定。

三、自我暗示。

当自己学了一会儿就感到静不下心时，闭上眼睛，调整呼吸，然后有意识地把自己学习一段时间后产生的厌倦情绪忘掉，暗示自己其实是马上要学习，然后做出奋斗的表情，开始继续学习。

四、多分析结果。

你不妨学习那些成功人士思考问题的方式，让自己的心静下来，多分析分析事情的前因后果：如果多花些时间学习，会取得什么样的结果；如果贪玩，把时间花在上网、玩游戏、吃喝玩乐上，又会有什么样的结果。关于这些问题的比较，其实，你可以列一个表，在表里，我们填下现在忍耐吃苦的话，将来会获得什么快乐；现在急于求乐的话，将来会承受什么痛苦。相比之下，你就能看到事情的不同面和不同结果，自然也就知道眼下自己该做什么了。

五、给自己找一个学习的榜样。

这种方法，需要你首先选定几个你认为已经很成功的人，比如，比尔·盖茨、戴尔·卡耐基、松下幸之助、李嘉诚、李政道……当然，你也可以选择一个你认为自制力很好的人，了解一下他是怎么勤奋工作学习的。有了榜样，你就会想到那些人正在干什么，你也就可以自觉地取舍了。

六、行为惯性法

比如，你可以给自己划定一个比较容易拿得出的固定时间，规定在这个固定的时间内，只能做哪些事情。例如，每天晚上十一点（睡觉前）喝一杯牛奶，这是很容易做到的，你的头脑会渐渐地变得愿意执行任务。在习惯之后，你再逐步地加入一些难度大的任务，待一切形成习惯之后，自制力也就随之形成了。

自控小贴士

自制力的获得不是一蹴而就的，需要我们在日常生活中不断地“修心”，只有训练出自制的心，才能有效地控制自身，才能驾驭自我，最终驾驭自己的人生。

把握分寸，任何事都要适可而止

心理学中，自控能力属于非智力因素或非智力心理品质的一个重要方面。自控能力，也就是自我控制能力，是自我意识的重要部分，它是个人对自身的心理和行为的主动掌握，是个体自觉地选择目标，在没有外界监督的情况下，适当地控制、调节自己的行为，抑制冲动，抵制诱惑，延迟满足，坚持不懈地保证目标实现的一种综合能力。

自控能力是一种内在的心理功能，它能调动其他非智力因素的积极方面，消解它们的消极方面，使一个人按照理性的要求去行动。为此，心理学家认为，自控能力比智商更重要。良好的自控能力是一个成熟的人进入理性社会最主要的因素。

一些国外的先哲名人对此有着精辟的见解，英国伟大的戏剧家莎士比亚曾说："人啊，你要自助！"心理学家与哲学家威廉·詹姆斯说过："播下一个行动，你将收获一种习惯；播下一种习惯，你将收获一种性格；播下一种性格，你将收获一种命运。"没有自控力，就没有好的习惯；没有好的习惯，就没有好的人生。

然而，我们可能没有认识到的是，自控能力是一个相对的范畴。如果一个人时时刻刻想控制自己，按照完美的标准来要求自己，那么这个人也容易走向极端。我们先来看下面的案例：

周末这天，严华终于抽出时间，离开了令人窒息的办公室，她把自己的姐妹玲玲约出来，两人约在一家咖啡厅见面。

"最近怎么样？"玲玲问道。

“什么都好，就是这个工作，快让我崩溃了。以前做小职员的时候倒还好，现在一当主管，原以为做了领导可以轻松点，但没想到事情更多，什么事都要亲自处理。”

“我看你呀，就是太追求完美了，从上学的时候就是这样，你若哪次考试不是第一名，就会难受很久，并且一定要赶超他人儿。毕业后在工作上也是如此，你总是要求尽善尽美，不允许自己出一点错，对下属和同事也是如此。其实，你现在已经是领导了，很多事，你不去做，交给下属，会更好。”

“怎么说？”严华不理解玲玲的意思。

“你想啊，如果你是下属，你的领导什么都不让你干，还什么都要插手，你怎么想，是不是觉得领导不相信你的能力？”玲玲说完后，严华点点头。玲玲继续说道：“那就是啊，你自己累个半死，还吃力不讨好，你看那些大公司的领导为什么那么清闲，没事就去打高尔夫什么的，就是因为他们懂得放权，把工作交给下属做。这样，不仅锻炼了下属的能力，更重要的是，这是一种信任下属的表现。”

玲玲的一番话点醒了严华，她决定调整一下自己的工作和生活方式。

我们发现，上面案例中的严华是一个对自己和他人都要求很严格的人。拥有较强的自控能力对于一个人的工作和生活以及人生都是有益处的，它能使我们在正确的轨道上行走。然而，凡事都有度，过度就会适得其反。自控力太强，很容易让一个人对自己要求得过分苛刻，也很容易陷入极端状态，比如，当他犯了一点错误时，便悔恨不已，甚至妄自菲薄、贬低自己；那些自控力太强的人时刻会警惕自己的行为是否得当，他们会比那些凡事淡定的人活得更累。

因此，我们每个人都要记住，再美的钻石也有瑕疵，再纯的黄金也有不足，世间万物没有纯而又纯和完美无瑕的，人也不例外。我们每个人不可能一尘不染，在道德上、在言行上都不可能没有一点儿错误和不当。人总是趋于完美而永远达不到完美。因此，我们每个人不要对自己和别人作过高的不切实际的要求。

那么，生活中，我们怎样做才能避免自控力太强呢？

一、不要强迫自己。

我想每个人都有这样的感觉，没有人能够完全避免，所以只能改善。控制自己往往是在理性的时候，而不想控制自己往往是在感性的时候。所以用理性的目标似乎不能解决感性的问题。因此，在自控的时候，我们首先不要有压迫自己的感觉，试着在生活中找一些自己做起来感觉比较舒服的事，比如，放纵、偶尔的放纵。然后再为自己制订一些小计划，难度不要太高，但一定要完成，完成不了，再找原因，找一个笔记本记起来，在迷茫的时候看看，会帮助你改善自己的自控能力。

二、失败的时候，请原谅自己。

你会跟朋友说什么？想一想，如果你的好朋友经历了同样的挫折，你会怎样安慰他？你会如何鼓励他继续追求自己的目标？这个视角会为你指明重归正途之路。

自控小贴士

德国大文学家歌德曾说：“谁若游戏人生，他就一事无成，谁不能主宰自己，永远是一个奴隶。”就一般人而言，缺乏自控能力的人，一般不容易实现自己既定的人生目标，难以获得家庭的幸福和事业的成功，其情绪容易受外来因素的干扰，使其行为与人生目标反向而行。因此，我们要将自控能力控制在一定的范围内，否则，自控能力会给我们带来反作用。

别让压力变成你的阻力

生活中，我们常常抱怨压力太大，压得自己喘不过气来。面对压力，很多人会抱怨，会逃避。其实，有压力才有动力。压力带给我们的不仅仅是痛苦和沉重，还能激发我们的潜能和内在激情，让我们的潜能得以开发。因此，面对压力，我们应该积极地调动自己的意志力和自控力，否则，我们只会被压力压得喘不过气来。

美国麻省的艾摩斯特学院曾做过这样一个很有趣的实验：

他们在一个小南瓜的周围拴上很多铁圈，目的是把小南瓜整个箍住，以观察南瓜长大时能承受多大的压力。

刚开始时，他们估计南瓜最多能承受500磅左右的压力。第一个月，他们发现南瓜已经承受了500磅的压力。到了第二个月，南瓜承受了1500磅的压力。而当它承受的压力达到2000磅时，研究人员就必须把铁圈捆得更牢了，否则南瓜会将铁圈撑断。最后，整个南瓜承受的压力超过5000磅，瓜皮才破裂。

然而当他们打开南瓜后发现，南瓜已经不能吃了，因为在试图突破铁圈包围的过程中，它的果肉已经变成了坚韧牢固的纤维。为了吸收足够的养分以突围，它的根须延展到了整个培植园。

在压力面前，植物为了生存，会让自己变得更强。人也一样，唯有压力才会使我们不断改变自己，充实自己，使自己强大起来。事实上，每一个自控能力强的人并不是没有遇到压力，而是他们能做到强化自己的内心，然后把压力转化为继续前进的动力。

生活中，人们常说“置之死地而后生”。为什么生命在“死地”却能“后生”？就是因为“死地”给了人巨大的压力，并由此转化成了动力。没有这种“死地”的压力，又哪有“后生”的动力？

实际上，上天对我们每个人都是公平的，为什么有些人能攫取成功的果实，有些人却只能甘于平庸？其中一个很大的原因就和压力有关。命运在为我们创造机会的同时，也为我们制造了不少压力。如果你在压力面前倒下了，那么你也就失去了成功的机会；如果你经过压力的锤炼后变得更加坚强，那么你就是真正的强者。不甘于平庸，不想成为失败者，那你就要有勇气面对压力，而不是懈怠和逃避。

如果说，人一生的发展是不易反应的药物，那么压力就是一剂高效的催化剂。它不是鼓励你成功，而是逼迫你成功，让你没有选择的余地。它带给人的，不仅仅是痛苦，更多的则是一种对生命潜能的激发，从而催人更加奋进，最终创造出生命的奇迹。

有位名不见经传的年轻人，第一次参加马拉松比赛就获得了冠军，而且还打破了世界纪录。

当他冲过终点时，记者蜂拥而上，不断地追问：“你怎么会取得这么好的成绩？”

年轻人气喘吁吁地回答：“因为我的身后有一匹狼。”

所有的人听后都惊恐地回头张望，但并没看到他的身后有什么可怕的东西。

这时他继续说：“三年前，我在一座山林间训练长跑，每天凌晨，教练喊我起床练习，虽然我用尽全力，但总是没有进步。”

“有一天清晨，在训练途中，我忽然听到身后传来狼的叫声，刚开始声音很遥远，可是没几秒钟就已经来到我的身后。当时我吓得不敢回头，只知道拼命地奔跑逃命。于是，那天我的速度居然是最快的。”

年轻人顿了顿，又说：“回来后，教练跟我说：‘原来不是你不行，而是你身后少了一只狼！’我这才知道，原来根本没有狼，是教练伪装出来的。从那以后，只要训练时，我就想着自己身后有一只狼正在追赶，包括今天的比赛，那只狼仍然在追赶着我，我必须战胜它！”

我们每个人都和这位年轻人一样，有着自己的人生目标。可是，我们的身后有“狼”吗？这只狼实际上就是压力。在压力面前，你的自控力如何？如果在人生路上毫无压力，过于安逸，那么，我们注定平淡、碌碌无为；如果有只“狼”在我们身后追赶着我们前进，我们势必会攀上人生的高峰。

当然，凡事都有度，我们也要将压力控制在一定的范围内，因为人生就好像一根弦，太松了，弹不出优美的乐曲；太紧了，又容易断裂。唯有松紧合适，才能奏出舒缓且优雅的乐章。适当的压力，不仅是我们成长的必备养分，也是成就我们亮丽人生的重要元素！

自控小贴士

生活中，虽然我们经常会遇到挑战和压力，它会让我们身心疲惫，但这些压力也会让我们的意志变得更加坚强，性格更加成熟，能力更加提高，从而最终获得成功。因此，从现在起，正视压力，将压力变为动力，就能在时间的无涯的荒野里种下自己的理想之树，随着生命的律动，春华秋实。

第02章

食欲横流，提升抵御美食诱惑的自制力

我们知道，在人所有的需求中，对食物的需求是第一位的，人只有摄入一定的食物，才能获得能量，才能维持正常的生活。随着人类生活水平的逐渐提高，人们对食物的要求越来越高，同时，食物的种类也越来越多，因此，食物对人们的诱惑越来越大。很多人无法控制美食给自己带来的诱惑而产生了一些苦恼，比如，肥胖、疾病等。事实上，对美食的抵御是人类自控力的初级阶段，一个人如果只停留在满足自己的口腹之欲上，那又何谈成大事呢？因此，我们每个人应该练就抵御美食诱惑的心理能量，只有拥有健康、轻盈的身体，你才能以更好的状态去迎接人生的种种挑战！

要自控，先从抵挡美食开始

中国人常说："民以食为天。"中国是饮食文化悠久的国度，人们讲究吃、爱吃，在中华大地上，有着各种各样的美味。我们从不否认食物对人的健康的重要性，"人是铁，饭是钢"，食物能为我们的身体提供能量，我们只有在保证身体能量充足的情况下，才能进行正常的工作和学习。但是对于食物，我们绝不能毫无抵抗力，事实上，抵御美味的诱惑是自控的第一步。如果一个人连自己的嘴都控制不住，又怎么能控制自己的行为，最终掌控自己的人生呢？

凯瑟琳是个典型的女强人，从大学毕业到现在已经有八年时间。在这八年的时间里，她为公司带来了很多利润，如今的她已经是这家公司的副总了，但令她烦恼的是，和她的工作成绩一样，她的体重也是"蒸蒸日上"。这主要是因为她的饮食习惯导致的。

曾经，她最大的爱好就是在办公室的抽屉里放上巧克力，她每隔半小时就得吃一块，甚至一次吃上五六块，她很喜欢巧克力在嘴里融化的感觉。只要能吃上一口巧克力，即使再累，她也会立即有了精神。

但如今的凯瑟琳却不知如何是好，她知道问题出现在这里，但怎么才能解决呢？

凯瑟琳是个很有意志力的女人，她曾在上学时就在半个月内把成绩从全班第十名提升到全年级第三，她曾经为了在校运动会上拿到800米赛跑的第一名，每天早上五点起来锻炼；曾经在和一个客户打交道的过程中，她被客户拒绝了十几次却依然没有放弃……想到这些，凯瑟琳告诉自己，难道区区几块巧克力就能打倒自己吗？

说做就做，她从自己的抽屉里撤掉了这些巧克力，把它们分给了办公室的那些下属们。当然，她常常会怀念那些巧克力的味道，她完全可以去他们的桌子上拿一块尝尝，因为他们并不知道副总把这些巧克力分给自己的真实原因。曾经一段时间内，巧克力的压力一直沉甸甸地挂在她的心头。但她问自己，如果自己偷偷地吃了一块，那么，自己会找借口鬼鬼祟祟地吞下另一块吗？这种压力如此之大，以至于凯瑟琳宁愿给10米开外的下属打电话或发邮件，也不愿意走过去面对他们桌上诱人的巧克力。

但就在三周以后，凯瑟琳发现，自己完全能控制住对巧克力的欲望了。她甚至能弯下腰去闻下属桌上巧克力的香味而不去吃。

凯瑟琳的很多姐妹都感到诧异，她们依然拿着自己心爱的奶昔、薯条，慨叹自己为什么意志力如此薄弱。相比之下，凯瑟琳也无法想象自己竟有这么坚强的意志。不过无论什么原因，她做到了，现在，她又看到了自己昔日苗条的身材，现在的她更有自信了。

她不知道这是因为她接受了自己的欲望，还是因为她想到了那些随身携带巧克力的学生。但无论如何，她感到很高兴。

上面案例中的凯瑟琳是个自控力很强的女人，在意识到巧克力对于自己身体的危害之后，她能够果断地“戒掉”。这对于很多无法抵抗住美食诱惑的人来说是一个最好的激励。

的确，美味是一种挑战——挑战人类的勇气，也挑战人类的理智。我们常常以尝遍天下美味为自豪，但我们为了口腹之欲所付出的代价却没有让我们明白一个浅显的道理：对于美味的诱惑，我们同样应该学会抵抗。

在我们需要抵抗的诱惑中，有名利地位的诱惑，在我们需要控制的欲望中，有对物质的欲望，有对精神的欲望，但无论如何，我们首先要做到的是抵御美味的诱惑，它是自控的第一步。因为口腹之欲是人的最基本欲望，如果连最基本的欲望都无法控制的话，在其他更高层次的欲望面前，我们又怎么能抵挡得住呢？我们不难发现，那些失败者都是自控力差的人，而他们最大的特点之一就是对食物不加节制，他们控制不住自己的嘴，自然也就无法控制自己的意志，更不可能取得辉煌的成就。

从另外一个方面看，一个人对食欲没有自控力，如禁不起美食佳肴的诱惑，暴饮暴食，大吃大喝，就会营养过剩，造成肥胖，引发高血压、脂肪肝等各种营养性的疾病；酷嗜烟、酒，经常抽得昏天地暗，喝得烂醉如泥，这些行为都会严重地损害身体健康，从根本上削弱你追求成功和幸福的资本。

自控小贴士

一个人要追求成功和幸福，就需要有较强的自控力，这是毋庸置疑的，自控力是成功和幸福的助力、保障，同时也是一个人性格坚强与否的重要标志。自控力体现在很多方面，但抵御美味的诱惑是自控的第一步，一个能控制自己口腹之欲的人，才能谈得上控制自己的思想和行为，才能获得真正幸福的人生。

浅尝辄止，只吃“一块糖”

在物质财富极大丰富、文化多元的现代社会，各种各样的诱惑也开始充斥在人们周围，人们很容易在追求物质的感官享受中逐渐迷失自我，就像一艘失去航向和动力的大船，或远离航道，或停滞不前。事过之后才清醒，却只有追悔莫及，抱憾终生。在众多诱惑之中，我们最先应该控制的是美食。生活中，人们常说：“要想抓住一个男人的心，先要抓住一个男人的胃。”这句话足见美食对人们的诱惑。但事实上，能否控制自己的欲望，管住自己的嘴是第一步。

你是否有过这样的经历：你的体重已经明显超标，但看到广告单上的美食宣传，你还是忍不住要去尝尝？你是否是一个天天打着减肥口号而从未实施的人呢？你是不是将自己的格言定位：“不吃饱饭，哪来的力气减肥呢？”一个连自己的嘴都把控不了的人，又怎能成大事呢？

美国心理学家沃尔特·米切尔曾做过这样一项实验。

一天，他来到一所幼儿园，挑选出了某个班级的所有4岁的小朋友，然后，发给他们每个人一块软糖，并告诉他们，他有点事，大约20分钟就会回来，如果谁能在他回来之前还保存着这块软糖，那么，谁就能获得第二块软糖，而假若谁做不到，自然就没有了。

结果，如沃尔特·米切尔所预料的，有些孩子很馋，吃掉了这块糖，而有的孩子为了得到第二块糖，便坚持了20分钟。为此，沃尔特·米切尔记下了这些孩子的名字，并对他们做了长期的跟踪调查。

等到他们高中毕业后，沃尔特·米切尔发现，原先那些坚持了20多分钟的孩子有这样一些更为优秀的表现：他们有很强的自信心，更独立、积极、可靠，能够很好地应对挫折，遇到困难不会手足无措和退缩；而那些没能坚持的孩子长大后大部分表现出退缩羞怯、经不起挫折失败、好妒忌、脾气急躁。更令人吃惊的是，他们在学习成绩上也有显著的差异，前一种孩子的学习成绩远远好于后一种孩子的学习成绩！

这个实验的最终结果表明，孩子的自控能力，在一定程度上决定了他人生的未来。它同样也告诉生活中的我们，一个人的自控心理和自控力如何，直接关系到他在人生路上走得是否平衡，那些有所成就者必备的特质之一就是自控力强。

那么，生活中的人们，在数量不同的“糖”面前，是否能看到背后的区别呢？假设现在有三块糖，你大可以一吃为快，将三块糖全部吃完，但这就意味着接下来你没有了糖，而那些聪明的人会选择一天吃一块，那么，接下来的两天，他都能尝到“甜头”，并且，这是一种健康的饮食方法。研究表明，对于相同的食物，多分几次食用比一次性食用效果更好。在少吃多餐的情况下，所吃食物不会给肠胃造成负担，食物中的能量也会很快地被身体吸收。最为重要的是，后者训练了自己的自控力，一个能控制自己对美食的欲望的人才能谈得上控制自己更高层次的欲望。我们来看下面的案例：

这天，妈妈给了洋洋一块糖，然后她把另一块糖也放到洋洋面前，说：“洋洋，现在有两块糖，你今天只能吃一块，不过你要实在忍不住了，还可以吃第二块，但是明天的糖就没有了。如果你不吃，明天妈妈会给你两块。”

洋洋很聪明，她歪着脑袋天真地问妈妈：“那我今天都不吃，明天能给我三块吗？”

妈妈很吃惊，小小的洋洋居然这么问，不过她庆幸的是，洋洋才4岁，就已经有了这么强的自控能力了。于是，妈妈高兴地说：“真‘贪心’啊！”

一个小小的孩子都能有这样的自控能力，那作为成人的我们呢？其实，生活中，我们的周围何处不存在“糖”的诱惑呢？在众多美食面前，我们是浅尝辄止，进而让明天和后天都有糖吃，还是一次性吃完所有的美食呢？其实，我们也能看到这两种选择会带来的不同结果，那么，我们就应该作出明智的选择。

自控小贴士

生活中的任何一个人，要想让自己具备超强的自控力，首先要训练自己的初级自控——拒绝美食的诱惑。为此，你必须要看到的是“一块糖”和“三块糖”的区别，暴饮暴食与不加节制地饮食，不但会让你的身材和健康逐渐偏离正常的轨道，更重要的是，这表明你对自己的把控能力正在逐渐削减！

无节制的饮食会有损身心

我们知道，人类对食物的需求是与生俱来的，我们只有摄取能量，才能维持正常的生活。随着人类生活水平的逐渐提高，人们对食物的要求越来越高，同时，食物的种类也越来越多，因此，食物对人们的诱惑越来越大，事实上，我们每个人对于食物的需求量是适量的，这一点，在婴儿时期就已经体现出来了。当婴儿的身体需要食物时，他们会啼哭，这是他们发出的饥饿信号，当他们被喂饱了食物后，他们便不再想吃了。但当他们长大时，他们开始丧失这个能力，并且在某些人身上，这个能力终生都在衰退，而这些人往往最需要这个能力，尤其是那些暴饮暴食者。

事实上，我们早已看到了无节制地饮食对人的身心造成的伤害，它会导致消化功能失调，内分泌紊乱，会出现肥胖、脂肪肝，高血脂、高血压等一系列疾病。而在心理上，饮食无节制会让我们对食物产生一定程度的依赖心理。专家通过对肥胖者的研究发现，很多对食物有瘾的人开始时就是“无节制饮食者”、“暴饮暴食者”，他们不理会身体的饥饿或饱胀，盲目地过量，而这种饮食心理和习惯又会加剧对身体的负面影响。

那为什么会这样呢？几十年来，科学家们一直想弄清楚这个现象的原因。

20世纪60年代，科学家们做了很多研究，其中有些研究让饮食研究发生了革命性变化。他们曾经做过这样一个实验：

一天下午，研究人员找来一些被测试者，他们被安排在一个房间里做问卷，这些问卷的题目很多，他们需要做很长时间。

研究者在房间内放了一些零食，有巧克力，有奶昔。这些被测试者可以一边做问卷一边吃零食，在被测试者的旁边，还放了一个时钟。为了达到实验目的，研究者对时钟做了点“手脚”。研究者发现，当他把时钟调快一点时，肥胖者比其他人吃得多，因为时钟告诉他们，快到晚饭时间了，他们饿了。他们不留意身体的内部信号，而是根据时钟的外部信号吃东西。

这个实验给了我们一个启示：人们对食物的适量需求这一能力的消失是和人们自身的心理因素有一定关系的，他们并不是“吃饱了”就“不吃”了，也不是饿了才吃，而是根据外部信号而作出决定的。这一点，大概也是一些人暴饮暴食的原因。无论如何，我们必须在饮食上进行控制，否则，一旦我们的饮食习惯失去常性时，我们就后悔莫及了。我们再来看下面的案例：

琳琳今年刚大学毕业，和很多毕业生一样，她也投入了找工作的大潮中，但令她沮丧的是，因为太胖，很多用人单位都拒绝了她。看到现在的状况，琳琳后悔不已。其实，一年前的琳琳还是个身材苗条的女孩，但失恋对她的打击实在太大了，她不知道如何排遣。一个朋友告诉她，吃东西能让自己的心情好起来，于是，她开始疯狂地吃，她发现这个方法似乎真的有效，失恋期过了，她却变成了胖子。更要命的是，她居然开始迷恋美食，以前逛街，她最大的爱好是买衣服，现在则是先打听哪里有好吃的。大学的最后一年，她整整胖了40斤，曾经那些瘦小的衣服再也穿不下去了，周围追求自己的男生也没有了，她逐渐变得自卑起来，走在马路上，她总能感觉到周围人奇异的目光，如今，找工作四处碰壁更是让她倍感难受。

琳琳突然意识到，是该控制一下自己的饮食了……

从琳琳的故事中，我们看到了一个无节制饮食者遇到的苦恼。事实上，在我们生活的周围，这是很多人无法攻克的挑战。无节制饮食除了会引发一些身体健康问题，比如，肥胖之外，还有其他许多方面的影响。在某一段时间内，你的身体需要进行高负荷运转，由此，会出现一系列的生理反应，我们的生命力也会被破坏。另外，我们的自我形象还会受损，相对来说，人们更喜欢那些身材苗条的人，至少会因此获得一些审美愉悦。再者，他们的自信心、毅力等也会受到影响。无节制饮食很容易成为一个不良习惯，而且很难改掉。

专家警告说，一旦染上“吃瘾”，要想改变这种危害身心的饮食习惯，其实比那些有毒瘾和赌瘾的人戒掉恶习更艰难，因为我们每天都需要“吃”，以此来补充身体的能量，我们不可能彻底地戒掉“吃”。

可能很多身体肥胖的人在饮食上都有这种感受：他们有一些被禁止的食物，但他们偶尔会心痒，会主动去尝试一下这些食物，他们认为只吃一口没什么事，但他们没有料到的是，他们根本没有毅力控制自己不去吃第二口，吃了一种被禁止的食物就会想吃第二种。等意识到这个问题的时候，他们发现自己在半个小时内已经吃掉了相当于一个月被禁止的食物。

导致无节制饮食的关键是没有把自己的行为和最终目标联系在一起。你要问自己，你吃的目的是什么，吃完是否达到目的了？如果你能得出正确答案，你就能做出明智之举。

事实上，人们也找到了许多能够应付无节制饮食的方法。对于某些在饮食控制这一问题上意志力较差的人来说，最好的方法就是在饮食的时间、地点以及内容上预先设定好。同时还有一些规则来帮助抵抗无节制饮食的欲望：

1.某些食物坚决不要尝试，也就是说，没有开始就不存在停止一说。

2.最好不要独自进食。在和他人同时进食时，暴饮暴食会让你感到尴尬，你也就能收敛自己的嘴。

3.尽量避免与那些与你有同样饮食问题的人一起进食，因为他们的饮食习惯也会给你错误的暗示。

4.不要在家中存储那些会诱惑你的食物。

5.用餐之后，请立即把所有的餐具刷洗干净，然后刷牙、洗脸，这样，有事可做的你便不会因为无聊而再去进食。

以上五点规则可能会对你有所帮助。另外，如果你实在无法控制自己的欲望，请打电话给你的朋友吧，告诉他们你的想法，让他们帮你劝导你。总之，你要对你自己负责，要把无节制饮食的习惯彻底根除，而不是向它投降。

自控小贴士

无节制地饮食会对我们的身心产生巨大的危害：摄入食物太多，会导致肥胖、高血压、高血脂等一系列疾病。另外，饮食紊乱还会导致神经控制上的紊乱，而后又会加剧饮食紊乱，如此恶性循环，最终我们便很难摆脱饮食无度带来的苦恼。曾有医学专家提出了这样的忠告，在感到饿的时候再吃东西，吃得精致、素淡一点，快要饱的时候就坚决放下筷子，离开餐桌。这样，能帮助你控制自己的食欲。

节食减肥不可取

不难发现，我们生活的周围，肥胖者越来越多。那为什么会有这样的现象呢？有关研究表明，不良的饮食习惯是造成肥胖的重要原因。其中，重要的原因之一就是饮食无节制、吃喝太多，除了一日三餐之外，大部分人还有吃零食的习惯，实际上，这些零食中含有很高的热量和脂肪，也有人喜欢在睡前吃东西，然而这些糖分和营养不能及时地消耗掉，容易积存在体内转化成脂肪，从而导致肥胖。

找到这一原因后，很多人开始尝试减肥，他们认为，只要节食就能取得一定的效果，而实际情况似乎并不是如此。我们只有找到肥胖者之所以肥胖的内在原因，才能找到真正的解决方法。20世纪60年代，研究者针对肥胖者和体重正常者做了一个实验。

研究者提供了两种不同的花生，一种是带壳的，一种是不带壳的。体重正常的人吃的量并没有因花生的种类而发生改变，但对于那些体重肥胖的人，他们吃的去壳的花生远远多于带壳的花生。

因此他们从不带壳的花生那里收到的信号是："来吃啊。"并且，这一信号远比那些带壳的花生所发出的更强烈。

从这个实验中，研究者刚开始假设的是，肥胖者体重超标的原因是：他们忽视了身体内部"已经吃饱了"的信号。这个解释表面上看实在是很合理，但后来研究者却意识到自己混淆了原因和结果。是的，肥胖者忽视内部线索，但这并不是他们变胖的原因。

那他们肥胖的真实原因是什么呢？

真相是：他们很有可能节食，而节食的结果是他们开始依赖外部线索，而不是内部线索。节食者的基本习惯是：他们根据计划吃东西，而不是内部需要。也就是说，一般来说，节食者很多时候是处于饥饿状态的。更准确地说，节食意味着学会不在饿的时候吃，最好学会忽视饥饿感。当然，在你严格遵循规则的时候，你的规则能帮你好好地控制体重，但一旦你违反一次规则，你的违反行为就很难停下来。正因为如此，所以即使你已经吃了两个汉堡，你已经喝了一大杯奶昔，当你看到甜品时，你还是有无法阻止的欲望。

因此，如果你是个肥胖者，你希望能减肥，但节食对于你来说并不是什么好主意。

2007年，专家做过一次调查，调查结果表明，节食不仅对减轻体重或身体健康没有什么好处，而且被越来越多的证据证明有害身心健康。

我们的周围不乏这样的事例：那些节食者并没有好好地控制自己的体重，反而使得体重反弹到减肥前的水平，甚至还增加不少。曾经有很多研究结果显示：循环的节食会使得人的血压和胆固醇上升，会抑制人体的免疫系统，还会增加心脏病、中风、糖尿病和其他原因导致的死亡风险。如果你能回想起来，节食者还是很容易出轨的。

那么，人们为什么会产生节食能减肥的想法呢？

因为人们的思维是一刀切的，他们认为，导致节食措施不起作用的主要原因是，人们认为不吃高热量食品最有效。事实上，这种思维导致了很多问题。人们在思维上越是抑制的东西，越是对我们有诱惑力量。

举个很简单的例子，如果你在家中放了一大杯冰激凌，然后你告诉你的孩子不许吃，那么，结果可能会令你失望。事实上，很多肥胖的女士无法抵制甜品的诱惑，也就是这个道理，他们不但没有戒掉甜食，反而吃得更多，这种反弹在很大程度上是心理上的，而不是生理上的。你越是想避开某种食物，你的脑海里就越会充斥这种着食物。

那么，可能你会产生疑问，难道就没有有效的减肥方法了吗？当然不是，合理和正确的饮食习惯便能帮助我们。

减肥的第一步就是建立健康的饮食方式。不是挨饿，而是在保证必需营养的前提下尽量减少热量的摄入，想尽一切办法“节源开流”。记住能量守恒定律，只要摄入的能量低于身体的需要，就会动用身体里的储备，也就能达到减肥的效果。

不管你的意志力如何，如果你在减肥，那么，你就不要长时间地坐在甜品桌旁边，也许你会告诉自己说“不可以”，但你可能真的告诉你自己，你会不自觉地将这种“不可以”变为“可以”，因为节食对于肥胖者来说是一项耗费意志力的活动，当他们的意志力变弱后，他们又碰到特别诱人的食物。为了继续抵制诱惑，他们需要补充损耗掉的意志力。但是，为了补充那个能量，他们需要让身体摄入葡萄糖。这就是营养学上的第22条军规。另外，你需要回避甜品车，或者还有更好的办法，刚开始就避免节食。不要把意志力浪费在严格的节食上，要摄入足够的葡萄糖来保存意志力，把自制力用在更有希望的长期策略上。

另外，减肥并不是要你戒掉高热量食物，而是要尽量少吃。比如，麦当劳、肯德基中的炸薯条、炸鸡、可口可乐等。这类食品的热量高、胆固醇高，吃太多不仅容易发胖，而且会令你前期的努力前功尽弃，还会让你的体重增加。

再者，在减肥这一问题上，我们完全没有必要认为它是一个痛苦的过程，而应该把节食看做是一段有趣的经历，这样，你才更容易达到目标。

适当地运动也许能帮助到你。因为丰富多样的运动形式穿插结合在一起，可以在一定程度上克服枯燥感。运动的方式很多，有散步、速走、跑步、跳绳、打羽毛球、登山、逛冰灯等，你也可以在健身房实现这一目的。

自控小贴士

的确，现实生活中，越来越多的人饱受肥胖的困扰，肥胖不仅影响体态形象，严重的还会有害健康，很多爱美者都想远离肥胖，然而却非易事。要想解决这一问题，我们首先要弄清楚肥胖的内在原因——节食，为此，我们有必要采取正确的减肥方式。

用坚强的意志力抵抗美食的诱惑

随着生活条件的改善，食欲横流，吃喝太多，长期摄入过多的动物脂肪、植物油和碳水化合物，超过肝脏的代谢能力，肝脏便被迫变成了“脂肪仓库”。很多人陷入了身体太肥胖的苦恼中，因此，管住自己的嘴很重要。当然，这考验的是我们的意志力。一个意志力坚强的人才能抵御住美食的诱惑。其实，我们不难发现，在我们生活的周围，有不少减肥成功的人，他们为什么能做得到？也许就是因为他们能做到用心理战胜嘴巴吧。我们来看一下减肥成功者的心得：

“每次当我想吃巧克力的时候，我就告诉自己，如果我吃了第一块，那么，我绝对会接着吃下去，那么，我前期的努力不就白费了？”

“我减肥的动力是每天照镜子，看到镜子里胖胖的自己，我就有毅力了，我告诉自己，如果你想变美，就必须要管住自己的嘴。”

“肥胖实在太让人苦恼了，一个胖子很多事情都做不了，每天走路都很吃力，我告诉自己，如果我能坚持下来，就能瘦下来，我一定会活出一个新的人生。”

“我减肥的最初动力是因为一次逛街，那天，我试了件衣服，无奈，我太胖了，走出店的时候，我听到导购员在小声地议论：‘我们店还真没有她穿的号。’在那一刻，我受到了强烈的打击，我发誓一定要瘦下来。”

……

这就是意志力。的确，很多时候，在“吃”与“不吃”之间，人们常常陷入困境之中。他们制订了饮食计划，“不吃”的话，实在又忍受不住美食的诱惑；“吃”会让他们破坏规则，甚至让自己的食欲一发不可收拾，他们在心底会产生一个声音：“去他的。”然后说：“开始大吃吧。”那些禁忌的甜食和高脂肪食品会变得特别难以抵制。这也是节食者的苦恼，自我控制会让他们消耗掉血液里的葡萄糖。如果你曾经节食过，那么，你肯定有种感受：你越是压制自己吃的欲望，你越是摆脱不了巧克力和冰激凌的强迫性渴望，这其实并不是一个人的心理因素问题，因为身体本身也是有直觉的，它“知道”自己需要葡萄糖，它还“知道”吃甜食能迅速地补充葡萄糖。

曾经有一项心理实验，被测试者是一群大学生，他们被要求自我控制，这项自我控制是与食物和节食没有半点关系的，但结果却表明，他们对甜食的渴望更加强烈了。

后来，研究者允许他们在实验的间隙吃点甜食。结果，研究者发现，这些曾自我控制的人吃了更多的甜食，而对于摆在现场的其他味道的食品，他们并没有多吃。

因此，从这个角度看，一个人若想管住自己的嘴巴并不是件容易的事，我们不仅需要战胜自己的心理，还需要尽量弱化自己身体的某些“知道”，当然，这更需要我们的意志力，有了意志力，再加上一些策略，我们一定能做到。

如果你对食物的渴望过于强烈，那么你可以使用以下几个策略：

一、你可以使用延迟享乐策略。

现在，摆在你面前的是一杯诱人的巧克力，你很想吃，但可以吃点别的能量低的东西，比如，生菜、水果等。

你之所以渴望这些能量高、糖分高的食品，是因为你在潜意识中告诉自己它能迅速地帮助你补充能量，但实际上，其他食品，当然也包括那些健康食品同样能做到。

接下来，你要告诉自己，这杯冰激凌并不是你需要的，吃下它并没有什么好处。这样，你就完成了抵制美食诱惑的第一步。

二、你应该尽量避免与那些对你产生诱惑的美食接触。

如果你的家在一家冰激凌店旁边，你是经常有意无意地买点冰激凌吃吗？肯定是，尽管你以前没有这一爱好。那些体重超标者对那些巧克力和冰激凌等甜食“又爱又恨”，也就是这个原因，他们每天都会闻到诱人的香味，但一旦吃了这些美食之后，他们又后悔不已。因此，如果你有意避开这些美食，那么，你就能做到“清心寡欲”了。

三、想象成功。

简单地说，如果你是个减肥者，那么，你可以建立一个习惯，经常想想你达到理想体重时将会是什么样子，那时候的你应该是身材苗条的、有活力的、健康的、身轻如燕的。只要你能减肥成功，你就能好好地利用自己的天赋和才能，你就可以背上行囊去游历祖国的大好河山，而不会累得气喘吁吁。

当然，如果你发现那些甜点和高脂肪食品正在向你招手，那么，你要做积极地想象而不是消极的，你不要想你有可能经不住这些食物的引诱，而应该想想避开这种诱惑的方法。

你可以想象的是，此时的你身体健康、肠胃健康。你坐直了身体，然后对这些食品微笑着说：“不用了，谢谢。我已经吃饱了。”

你还应想的是，一个连自己的体重都控制不了的人还能做什么大事呢？如果你能减肥成功，你希望你的生活作出哪些调整呢？你希望实现怎样的事业？你又将会对其他人和周围的世界作出怎样的贡献？试试把自己的这些想法写下来，即使它可能只有短短的一段话。把自己的想象变成文字可能会有助于你继续努力前进。想象成功往往会是实现成功的第一步！

四、寻找精神力量。

肥胖确实会为现代社会爱美和爱面子的人带来一定的烦恼，但你不应该因此而丧失辨别能力，你也不应该把所有的精力放到所谓的减肥和节食上，如果你能抽出身来，将自己投入到大自然中，那么，你会忘却美食的诱惑，你会感到前所未有的轻松。

你不必要总是沉浸在饮食和运动中，也不要关注那些最新的时尚美食信息，不要让这些事情消耗掉你的注意力和时间。每天早上起来，你都要告诉自己，今天你要认真、健康得多，你要对自己负责。闲暇时，不要总是约朋友去聚餐、吃饭，你可以多看看书，可以去欣赏话剧，可以到大自然中去，去享受一年中每个季节里不同天气的乐趣。

自控小贴士

生命是短暂的，我们每个人都有太多的事需要做，我们需要健康和轻盈的身体，因此，我们不要总是把精力放到口腹之欲上，但抵制对美食的诱惑、管住自己的嘴巴，也并不是件容易的事，需要我们调动自己的意志力，掌握一些心理策略。总之，做到心理战胜嘴巴，我们就实现了自控的第一步。

第03章

摒除干扰，静下心来培养自主学习能力

当今社会是个知识型社会，所有的竞争浓缩到一点，就是知识的竞争。随着知识更新换代速度的加快，我们每个人，无论是处于成长期的孩子还是已经立足于社会，我们都要不断地学习。实际上，学习并不是娱乐性的活动，很多时候，它还是枯燥的。学习过程中，同样有很多干扰我们的因素，有外界的，也有来自于内心的。一个人，是否有自控能力，是否能专注于学习，决定了他能否在人生的道路上取得一番成就，因此，我们每个人都有必要培养自己自主学习的心理，不断学习、热爱学习，才能不断进步！

摒除外在干扰，训练专注能力

人生在世，要有一番成就，就必须要学习，学习是获取知识和能力的唯一途径，这是毋庸置疑的。然而，学习必须要专注，古人云："两耳不闻窗外事，一心只读圣贤书。"这就是一种专注。我们发现，那些攀岩成功的人有个共同特征，那就是他们不会三心二意，也不会向下看，他们会一直努力地攀登，这样，尽管脚下是万丈悬崖，他们也不会害怕。同样，我们应该从中有所启示。在学习时，我们要尽量做到"充耳不闻"，才能训练自己的专注能力，才能一步一步进行自己的学习计划。我们先来看下面这个故事：

孔子带领学生去楚国采风。他们一行从树林中走出来，看见一位驼背翁正在捕蝉。只见他拿着竹竿粘捕树上的蝉，就像在地上拾取东西一样自如。

"老先生捕蝉的技术真高超。"孔子恭敬地对老翁表示称赞后问："您对捕蝉想必是有什么妙法吧？"

"方法肯定是有的，我练捕蝉五六个月后，在竿上垒放两粒粘丸而不掉下，蝉便很少有逃脱的。如垒三粒粘丸仍不落地，蝉十有八九会被捕住；如能将五粒粘丸垒在竹竿上，捕蝉就会像在地上拾东西一样简单容易了。"捕蝉翁说到此处，捋捋胡须，严肃地对孔子的学生传授经验。

他说："捕蝉首先要学练站功和臂力。捕蝉时身体定在那里，要像竖立的树桩那样纹丝不动；竹竿从胳膊上伸出去，要像控制树枝一样不颤抖。另外，注意力高度集中，无论天大地广，万物繁多，在我的心里只有蝉的翅膀，我专心致志，神情专一。精神到了这番境界，捕起蝉来，那还能不手到擒来，得心应手么？”大家听完驼背老人捕蝉的经验之谈，无不感慨万分。

孔子对身边的弟子深有感触地说：“神情专注，专心致志，才能出神入化，得心应手。捕蝉老翁讲的可是做人办事的大道理啊！”

驼背翁捕蝉的故事向我们昭示了一个真理：凡事专心致志、心无旁骛，才能出色地完成，把工作做好做到位，取得成功。

事实上，学习又何尝不是如此呢？学习最要不得的就是三心二意。戴尔·卡耐基曾经根据很多年轻人失败的经验得出一个结论：“一些年轻人失败的一个根本原因，就是精力分散，做不到专注。”托马斯·爱迪生曾说过：“成功中天分所占的比例不过只有1%，剩下的99%都是勤奋和汗水。”这句话告诉我们，学习需要专注，不腻烦、不焦躁、一门心思学习才能取得好的效果。

的确，成功者之所以成功，就是因为他们懂得学习要专注的道理，在专注的过程中，他们经过了沮丧和危险的磨炼，并造就了他们天才的大脑。在不断取得学习成果的过程中，他们产生了活力和不屈不挠的奋斗意志。因此，意志力可以定义为一个人性格特征中的核心力量。概而言之，意志力就是人本身。它是人行动的驱动器，是人的各种努力的灵魂。在学习过程中，我们要运用意志力的力量，只有自控，才能获得自主学习的能力，做到这一点，你也能获得卓越的才能。

18世纪早期就读于牛津大学的圣·里奥纳多在一次给校友福韦尔·柏克斯顿爵士的信中谈到他的学习方法，并解释自己成功的秘密。他说：“开始学法律时，我决心吸收每一点获取的知识，并使之同化为自己的一部分。在一件事没有充分了解清楚之前，我绝不会开始学习另一件事情。我的许多竞争对手在一天内读的东西，我得花一星期的时间才能读完。而一年后，这些东西，我依然记忆犹新，但是他们，却早已忘得一干二净了。”

这就是专注的力量，如果你妄图在学习的时候还能玩好，那么，你的学习效果只能事倍功半。然而，我们发现，生活中，一些人在学习时就是缺乏一定的自控力，他们做不到专心致志、全力以赴，而是心不在焉，他们常慨叹自己学习效率低，其实，他们忽视了这一原因。

同样，在中国，画坛宗师齐白石就是个做事专注的人，除了画画以外，在篆刻艺术上的精益求精也体现了他的这一品质。

齐老先生不仅擅长书画，还对篆刻有着极高的造诣，但他也并非天生就掌握这门艺术，他是经过了非常刻苦的磨炼和不懈的努力，才把篆刻艺术练就到出神入化的境界的。

年轻时候的齐白石就特别喜爱篆刻，但他总是对自己的篆刻技术不满意。他向一位老篆刻艺人虚心求教，老篆刻师对他说："你去挑一担印石回家，要刻了磨，磨了刻，等到这一担石头都变成了泥浆，那时你的印就刻好了。"

于是，齐白石就按照老篆刻师的意思做了。他挑了一担印石来，一边刻，一边磨，一边拿古代的篆刻艺术品来对照琢磨，就这样一直夜以继日地刻着。刻了磨平，磨平了再刻。手上不知起了多少个血泡，日复一日，年复一年，印石越来越少，而地上淤积的泥浆却越来越厚。最后，一担印石终于统统地"化石为泥"了。

印石不仅磨砺了齐白石的意志，而且使他的篆刻艺术也在磨炼中不断长进，他刻的印雄健、洗练、独树一帜，达到了炉火纯青的境界。

在学习中，我们需要这样训练自己的专注能力：

一、为自己树立一个学习榜样。

比如，爱迪生就是一个专注做事的代表。他曾经长时间地专注于一项发明。对此，一位记者不解地问："爱迪生先生，到目前为止，您已经失败了一万次了，您是怎么想的？"

爱迪生回答说："年轻人，我不得不更正一下你的观点，我并不是失败了一万次，而是发现了一万种行不通的方法。"

在发明电灯时，他也尝试了一万四千种方法，尽管这些方法一直行

不通，但他没有放弃，而是一直做下去，直到发现了一种可行的方法为止。他证实了大射手与小射手之间的唯一差别：大射手只是一位继续射击的小射手。

二、学习时不要做其他的事。

我们发现，生活中，一些人无论是不是在学习，都把电视开着，或者边玩游戏边学习。试想，这样怎么能聚精会神呢？这样自然不能集中精力去学习，久而久之，便养成了一心二用的坏习惯。

为此，你必须克服这一缺点，学习时就认真学习，玩乐时就痛快地玩乐。经过一段时间，你会发现，自己无论做什么事，都专注多了，而最重要的是，效率也提高了很多。

自控小贴士

我们每个人都需要记住：专注是一种良好的助人成功的品质，学习更是如此，从现在开始培养自己的这种品质，你一定会收获成功。

“心中无事”才能静心学习

我们知道，学习是一个在新的领域中不断探求、不断进步的过程，它要求有严密的思维、踏实的行动、吃苦的精神、顽强的毅力。而浮躁的心态是学习的大敌，是学习失败者的亲密朋友。清华大学国学大师陈寅恪，在一次演讲中送给青年人一句话：“心有浮躁，犹草置风中，欲定不定。”他告诫学生要自定心神，集中精力，清除浮躁，专注功课。

“世界上怕就怕认真二字。”说的就是如果我们能安下心来认真地做一件事情，就没有做不好的。然而，真正让我们浮躁的，并不一定是外在世界的动静，还有可能是我们的“心中事”。无法让内心沉静下来是很多人学不好的主要原因之一。我们先来看下面的案例：

周末这天，宁宁在房间做作业，也不知道为什么，他总是写不进去，甚至看到书本上的字就烦。刚好，这会儿又是邻居家小雅练钢琴的时间，他甚至能感觉到小雅敲击琴键的声音，他还听到了楼底下的大妈、阿姨们说话的声音，这些都充斥在他的耳朵里，他再也写不进去了。

这会儿，爸爸敲了敲门，走了进来，看到宁宁烦躁不安的样子，他问：“孩子，怎么了？”

“爸，外面太吵了，我根本写不进去作业。”宁宁说。

“是吗？其实每个周末外面都会有这样的动静，甚至有时候小区有活动的时候比今天还热闹，那时候，你都不能安安静静地学习吗？”

“您说的也是，那我今天是怎么了呢？”

“其实，你学不进去是因为心不静，学习最重要的是沉下心来。可能是马上要中考了，你害怕自己考不好，我看你这几天睡也睡不好，吃也吃不下，想必都是因为这点原因吧。放下考试的压力，也许你就能心平气和了。”

“爸爸，您说得对，但我应该怎么减压呢？”

“你的压力就是中考这点事，其实，我和你妈妈从来没有要求你要考什么重点高中，你不需要紧张，早上我还说带你去骑自行车，去郊区的农庄走走，你说要做作业，我就没有继续说了。今天说好了，下周我带你去逛街，你不是看上了一双帆布鞋吗？买完东西，我们再去看场电影，好不好？”

“嗯，听爸爸的……”

看到宁宁舒心地笑了，爸爸也终于放心了。

上面案例中的宁宁为什么在学习时总是静不下心来？是因为外在环境太吵闹吗？当然不是，正如他父亲所说的，环境还是那个环境，只是因为心中有事，才感到内心烦躁的。

的确，学习是一项需要动脑筋的活动，它要求我们做到集中精力、全身心地投入，要做到“身心合一”，来不得半点虚假，不能有任何私心杂念。然而，在实际中，一些人总是带着心事学习，那么，正在学习的只是一具“躯壳”而已，他们的学习效率一般是低下的。比如，我们拿课堂学习为例，那些学习成绩好的学生多半都是心无旁骛、手脑并用的，而那些学习成绩差的学生，一般都是因为杂念太多，精力不集中。他们上课思想“开小差”，目光呆滞，人在教室而心早已飞到教室外面去了，想着外面的精彩世界；也有一些学生上课时，一边想着要听讲，一边又想着和周围的同学讲“小话”；有些学生一边记笔记，一边抄写正在看的口袋书……诸如此类，不可胜数。

其实，我们不难想象，这些学生一个个“身在曹营心在汉”，就凭这种心态怎么能学习好？其实，荀子早就在《劝学》篇里说过，“蚓无爪牙之利，筋骨之强”却能“上食埃土，下饮黄泉”，是因为用心专一啊，“蟹六跪而二螯，非蛇鳝之穴，无可寄托者”，是因为用心浮躁。

任何一种学习，都必须做到全神贯注，千万不能一心二用！

那么，在学习时，我们应该如何排除内心干扰、赶走“心中事”呢？

一、尝试着让自己安静下来。

如果你的心无法安静的话，你可以尝试着先换一下环境，然后闭上双眼，深呼吸，慢慢地放松，多尝试几次会好点。

二、如果你因为想一个问题想得太过于复杂的话，可以尝试着问自己，自己想这个问题究竟是为什么，是什么让自己变成这样。多问几次后，自己就可以了解自己的困惑，进而从心底去除这个杂念。

三、要学会在强烈的吵闹声、人多的环境中专心学习的本领。

曾有伟大的人物介绍过他们在大街十字路口专心看书的本领。因为环境在一定程度上是自己无法限制的，只有依靠自己的高度自制能力，才能提高抗干扰能力。

四、养成良好的睡眠习惯。

如果你是“夜猫子”型的，奉劝你学学“百灵鸟”，按时睡觉，按时起床，养足精神，提高白天的学习效率。

五、学会自我减压，别把成绩的好坏看得太重。

一分耕耘，一分收获，只要我们平日努力了，付出了，就必然会有好的回报，又何必让忧虑占据心头，自寻烦恼呢？

六、学会做些放松训练。

舒适地坐在椅子上或躺在床上，然后向身体的各个部位传递休息的信息。先从左脚开始，使脚部肌肉绷紧，然后松弛，同时暗示它休息，随后命令脚脖子、小腿、膝盖、大腿，一直到躯干休息，之后，再从脚到躯干，然后从左右手放松到躯干。这时，再从躯干开始到颈部、头部、脸部全部放松。这种放松训练的技术，需要反复练习才能较好地掌握，而一旦你掌握了这种技术，会使你在短短的几分钟内，达到轻松、平静的状态。

总之，专注，也就是保持良好的注意力，是大脑进行感知、记忆、思维等认识活动的基本条件。在我们的学习过程中，注意力是打开我们心灵的门户，而且是唯一的门户。门开得越大，我们学到的东西就越多。而一旦注意力涣散或无法集中，心灵的门户就关闭了，一切有用的知识信息都无法进入。当你因注意力无法集中而影响学习，感到苦恼时，相信以上几点方法能帮助你。

自控小贴士

我们学习要充分发挥自己的主观能动性，排除各种干扰，摆正学习心态，使自己的心底单一，才能无坚不摧，才能把我们的全部精力投入到学习活动中去，才能专心致志地进行学习。

学习能力与自控能力成正比

生活中，我们不难发现一个现象，两个年龄相仿的孩子，学习相同的内容，学习成绩好的一定是那个能自律的孩子，他能做到对抗外界与内心的干扰，他的自主学习能力较强，不需要家长和老师的督促。事实上，学习能力与自控能力是成正比的。在宾夕法尼亚大学一系列新研究中，研究人员发现，坚韧不拔的人更容易在学业、工作及其他方面获得成功，这也许是因为他们富有激情，忘我投入，才可以克服漫长的道路上不可避免的绊脚石。西奥多·罗斯福也曾说过："有一种品质可以使一个人在碌碌无为的平庸之辈中脱颖而出，这个品质不是天资，不是教育，也不是智商，而是自律。有了自律，一切皆有可能，无，则连最简单的目标都显得遥不可及。"任何人的才能，都不是凭空获得的，学习是唯一的途径。学习的过程，就是一个不断克服自我、控制自我的过程，只有首先战胜自己，摒除内在和外在的干扰，才能以全部的激情投入到对知识的汲取中。

马丁·赛李曼说过："如果没有坚韧不拔的精神，除非你是天才，否则是不会胜出的。"

生活中的我们，也要把列宁当成自己的学习榜样，和他一样，专注、持续地学习，就一定能取得令人满意的成果。

自控，又称意志力，是在实现目标的艰辛路途上不可或缺的品质，其他品质有努力、决心和毅力。心理学家称这些品质为"坚毅"。坚毅比意志力含义更深远，所以意志力是坚毅的一部分。除此之外，在学习中，意志力也是极为重要的。我们每个人都有一定的学习计划和学习目标，但很少有人把自己的学习计划坚持下去。通常是刚开始的时候，大家都能坚持学习，但在坚持了一段时间后，在遇到一些外在和内在的干扰，比如，吃喝玩乐的诱惑、内心的焦躁情绪后，然后就会由每天变成两天/三天或更长的时间，慢慢地会发现自己已经放弃自己的学习计划。你会发现这种事情每个人都会遇到，而放弃的原因是多种多样的，就如人们曾经说过的："如果你不想做一件事，你一定会找到一个借口。"其实，坚持的这个过程就是自控的过程，能坚持到最后的，一定是获得极强的学习能力的人。

那么，在学习过程中，我们应该如何实现自控呢？

一、端正学习目的。

你为什么而学习？是父母强逼你学习，还是你有着伟大的梦想？如果你总是认为学习是一件无奈的事，那你又怎么可能投入全部的热情学习呢？因此，你不妨重新考虑一下自己学习的目的，真的是为了他人吗？

二、学会排除各种干扰，消除各种杂念。

一心一意想学习，全心全意谋进步，也就是心要静。如果你整天想着："该买件新衣服了。""他为什么不理我了，是嫌我又多长了个青春痘？""她为什么把我甩了，是不是喜新厌旧了？"整天为一些生活琐事和儿女情长之事烦恼，你又怎么能重视学习呢？整天想着"数学作业老师不检查，咱不做了。""语文做了也白做，不做了！""这章节太容易，有啥学的。"你的心又怎么能静下来呢？

三、早动手。

在学习上，你若动手早，你就有足够的时间，你做的准备就越充分；你若动手晚，你的时间就越少，你的心情就会越焦躁。

曾经有记者对某所著名高中的三年级某班学生进行跟踪调查。他们发现，中午吃饭时间不到30分钟，校园里已空无一人，教室已响起了琅琅的读书声；课间操集合时，每个同学都拿一个小本本，嘴里念念有词，他们在利用集合时间记英语单词！以这样的精神学习，还怕学不好吗？

四、制订详细的学习计划

盲目的的学习是没有好的效果的，效率差的学习会让你的自信心逐渐地消失殆尽，因此，你最好制订一份详细的学习计划：每天干什么，什么时间干，要有详细的计划，计划要切合实际，要略高于自己现在的学习能力。

从明天起，你将开始全新的生活！订个详细的计划，让它来规范自己，约束自己，提醒自己，鞭策自己！依计划而行，则有条不紊，顺理成章；无计划行事，则盲无目的，失去方向。

五、坚持你的学习计划。

《圣经》中记载了一个故事：

摩西带领以色列人出埃及，过红海，来到旷野，走了三天都找不到水喝，好不容易到了玛拉，却发现那里的水是苦的，百姓不由得大发怨言，愤怒不已，他们不知道，只要再走一段路程，紧接着就到了以琳。那里有泉水和棕树，可以让他们安安稳稳、舒舒服服地扎营休息。

的确，人生就像马拉松赛跑一样，只有坚持到终点的人才有可能成为真正的胜利者。学习也是一样。著名航海家哥伦布在他的航海日记的最后写着这样一句话："我们继续前进。"这话看似平凡，但告诉了所有正在学习的人们一个道理，学习需要无比的信心和意志力。因为一直以来，学习都不是一件轻松愉快的事情，也不是一朝一夕一蹴而就的事情，它必须付出艰苦的劳动。在你的思想上，不要把学习看做是一种负担、一种包袱和苦差事，学习是一种追求、兴趣、责任，一种愿望，学知识是为了人生更快乐，更有滋味，更有激情。

自控小贴士

任何一种能力的获得，都需要学习。学习不是享受，甚至有时候，学习的过程是枯燥的，这就需要我们学习自控，培养自己的意志力。坚持学习，专注学习，你必当有所收获！

培养兴趣和热情，让学习不再枯燥

我们可能有这样的感受：学生时代，我们偶尔会上课打瞌睡，有很多原因，其中重要的一点是我们对这门功课不感兴趣。其实，哪一种学习不是这样呢？如果我们认为学习枯燥无味，就提不起兴趣，学习效率自然也不高；反过来，假如我们尝试着对学习投入百分之百的热情，努力、专注地学习，那么，你会发现，你的学习能力正在提高，你会为此兴奋，同时，你离你的学习目标也越来越近，你是不是又会产生更好的学习激情呢？当然，要提高学习热情，还要从培养兴趣开始。

这是微软全球副总裁张亚勤亲身经历的一个故事：

1985年，张亚勤赴美留学，在以满分通过博士生入学考试后，张亚勤跑去向导师求教如何选择博士论文的题目。

“老师，您看我的博士论文到底该做什么题目？”

谁知道那位老师说：“我还正要问你这个问题呢！”

张亚勤感到很意外。因为在国内，总是导师先给学生划定一个大致的论文范围。而在美国，总是学生自己找研究课题，导师只是最后帮助把握一下，提一些建议。张亚勤很快意识到这就是东西方教育的区别：“开放”与“计划”教育的区别。他认为这种开放的学习方式更能使人产生学习兴趣，也更有创造力。因为“自己选课题的时候总是最用心的时候。”

这里，我们看到了学习兴趣在学习过程中的重要性。“兴趣是最好的老师。”对人类作出杰出贡献的大科学家爱因斯坦的这句至理名言被许多教授在课堂上引用。任何一个有所作为的人，在他的成才历程中，兴趣都对他起到了巨大的、不可替代的作用。当你热爱学习时，学习对于你来说就不是枯燥的，而是一种娱乐。你可能因为看一部电视剧而24小时不睡觉，你可能因为一个游戏几天几夜不合眼，甚至不吃饭，归根结底，那是因为你热爱，你投入。

兴趣，是指一个人力求认识某种事物或从事某种活动的心理倾向。人都会因为兴趣而执着于某一样活动，并在最后取得或小或大的成功。

在年轻人梦寐以求的微软公司，曾有一个临时清洁女工升职成为正式职工的故事：

她是办公楼里临时雇佣的清洁女工，在整个办公大楼里，有好几百名雇员，但她的工资最低、学历最低，甚至几乎没有什么学历，工作量最大，而她却是最快乐的人！

每一天，她来得最早，然后面带微笑，开始工作，对任何人的要求，哪怕不是自己工作范围之内的，也都愉快并努力地跑去帮忙。周围的同事被她感染了，有很多人成了她的好朋友，甚至包括那些被大家公认为冷漠的人，没有人在意她的工作性质和地位。她的热情就像一团火焰，慢慢地整个办公楼都在她的影响下快乐起来。

盖茨很惊异，就忍不住问她：“能否告诉我，是什么让您如此开心地面对每一天呢？”“因为我热爱这份工作！”女清洁工自豪地说，“我没有什么知识，我很感激企业能给我这份工作，可以让我有不菲的收入，足够支持我的女儿读完大学。而我对这美好的现实唯一可以回报的，就是尽一切可能把工作做好，一想到这些，我就非常开心。”

盖茨被女清洁工这种热爱工作的态度深深地打动了：“那么，您有没有兴趣成为我们当中正式的一员呢？我想你是微软最需要的。”“当然，那可是我最大的梦想啊！”女清洁工睁大眼睛说道。

此后，她开始用工作的闲暇时间学习计算机知识，而企业里的任何人都乐意帮助她，几个月以后，她真的成了微软的一名正式雇员。

这名女清洁工是怎么获得成长的呢？是因为她对当下工作的热爱和

对计算机知识的渴望。当她还是一名清洁工时，她能以正确的心态去面对工作，不是怨天尤人，不是得过且过，而是以一种积极的、向上的心去感染周围的每个人。

生活中，正在学习的人们，你们是不是觉得学习是那么枯燥呢？那么，你不妨像这位女清洁工学习吧，调节一下自己的内心，看到学习的乐趣，怀着热情去学习，并努力地向上攀登。那么，每天你都会获得进步。

具体来说，你可以尝试以下几种调节方法：

一、摒弃“我对学习不感兴趣”的既成观念。

我们经常听到一些学生说：“哎呀，我对唱歌、旅游、玩儿等好多事情都感兴趣，可就是对学习不感兴趣，我也想学习成绩好，那怎样才能让我对学习感兴趣呢？”其实，有时候，这是一种既成观念。人们普遍认为学习是枯燥的，正是这种先入为主的想法，让他们开始排斥学习。

积极地参与、从心理上亲近，心怀好奇之心是让我们接触这些学习内容的最好方法。对于现下学习的内容，你不妨问自己：我对哪门课兴趣最大，对哪门课兴趣最小。仔细想想为什么会这样。接下来，你要做的是，不只学习那些你感兴趣的内容，那些不感兴趣的内容，你也要尝试。那么，你会发现，其实，所有的知识都是融会贯通的，对知识的系统性把握，会让你对所有的知识都产生了解的欲望。

二、专注、认真是让你产生学习兴趣的内在动因。

很多人抱怨自己对学习没有兴趣，其实，这是因为你没有用正确的态度对待学习。认真是和兴趣成正比的，如果你能努力、认真地学习，那么，你就会取得好成绩，就会获得一种成就感。反过来，成就感也会刺激你继续认真、努力地学习。这就是兴趣。兴趣又会促使你更加认真地学习，从而取得更好的成绩。这样形成良性循环，互相促进，学习兴趣就会越来越浓，甚至到入迷的地步。

三、寻找积极的情绪体验。

你对学习没有兴趣，很多时候是因为你没有看到学习给你带来的快乐的情绪体验。事实上，课本并不是枯燥的，很多时候，你能从课本中获得某种对成长有益的因素。获得这种积极的情绪体验，你就会主动地抛却那些消极的、应付的学习态度了，这会有利于学习兴趣的提高。

四、科学地安排学习时间。

避免过度疲劳是让兴趣持续的方法之一。因此，在学习过程中，你最好要劳逸结合，该休息时休息，该学习时学习，而且学习时间要安排得科学，不能长时间地学习一种科目。

另外，每天在固定的时间学习也是保持学习兴趣的方法，习惯在特定的时间出现的兴奋性和学习密切相关。

五、勤于计划、总结，知己知彼。

对于当下的学习状况，你应该有个清晰地了解，知道自己取得了哪些成就，知道自己在哪些方面还有欠缺。这些都是学习的动力，如果你给自己作了明确的分析，你会发现你的学习兴趣正在增长。

当你已经能在每一次的学习过程中寻找到无数的快乐和成就时，你还能说自己没有学习兴趣吗?

自控小贴士

在学习过程中，兴趣是极为重要的。如果你认为学习只是一种应付性的活动，那么，你是不会有很高的学习效率的。对于这种情况，你有必要调节自己的内心，当你能做到保持不甘落后、积极向上、奋发有为的精神状态，有一种只争朝夕的紧迫感，那么，你一定会不断进取的！

将读书和学习培养成一种无意识行为

当今社会是个知识型社会，知识的更新速度越来越快，曾有人说，“知识的半衰期仅为5年”，也就是5年之内，掌握的知识就有一半过时。这句话无疑是在警示所有的人，要想在当今社会生存并发展下去，我们必须要不断地学习，不断地充实自己，不断地更新自己的知识结构，否则，我们只能被时代所淘汰。

古今中外，凡大有作为的人，都是善于读书学习的。最难得的是，他们能将读书学习变成一种习惯。其实，习惯不是与生俱来的，是在日常生活中慢慢养成的，读书学习同样如此。读书学习本身就是一种不断克服自身欲望、战胜自我的过程，刚开始，我们可能是有意识地克服，但一旦养成习惯之后，它就会成为一种无意识的活动。我们先来看下面一个故事：

古时候，有个学问家叫孟轲。他刚上学的时候，很用心，写字一笔一画，很工整。不久，他觉得学习太辛苦，不如在外面玩耍快活。于是，他逃学，常到山坡上树林中去玩，好开心啊！

一天，他回到家里，正在织布的妈妈问他：“怎么这么早就放学了？”他只好承认逃学了。妈妈生气地说：“我辛辛苦苦织布供你读书，你却逃学，太没出息了！”小孟轲连忙给妈妈跪下。

妈妈拿起剪刀，一下子把没织完的布剪断了，并且说：“你不好好读书，就像这剪断的布，还有什么用处！”

小孟轲哭着说：“我错了！今后再也不贪玩了。我一定好好读书！”从此，小孟轲勤奋学习，从不偷懒。后来他成了著名的大思想家。

孟轲为什么能成为著名的大思想家？这来自于他能认识到自己的错误，然后能做到自控，克制自己不再贪玩，而是努力学习。的确，生活中，人们常说：“习惯成自然。”学习也是如此，刚开始的时候，我们可能需要自己压制来自于外界和自身的一些干扰，但久而久之，一旦我们养成勤奋好学和专注于学习的习惯，一切积极的做法就水到渠成了。

生活中，一些人总是抱怨自己工作很忙、生活很累，根本没时间读书学习。诚然，这是事实，但关键还是因为我们没有把读书学习变成一种无意识的习惯，我们过多地把时间浪费在一些娱乐、应酬、消遣上了。

曾经有人算过一笔账，一年365天，共8760小时。其中，法定的工作时间为2040小时，睡眠时间为2920小时，其他吃饭等必用时间为1460小时，可供个人支配的时间为2404小时，平均每天约为6.6小时。有没有时间读书？关键是，我们是把这些时间用在闲聊、喝酒和打牌娱乐上，还是用在读书学习上？所以，如果我们坚定读书学习的信心，有意识地克服自己的不良习惯，把主要精力用于读书“充电”上，久而久之，就会发现读书学习的无穷乐趣，并使之成为一种自觉的生活习惯。

清代学者萧抡说：“一日不读书，胸臆无佳想，一月不读书，耳目失精爽。”伟大的革命先行者孙中山先生更是“一天不读书，便不能够生活”。他们能够达到这样一种境界，就是因为把读书学习当作一种基本的生活需要，如同天天吃饭一样，成为一种基本的生活习惯。对他们来说，读书学习就是一种享受，读书学习的过程就是一个享受快乐的过程，能给自己带来不尽的愉悦。

然而，生活中的诱惑实在太多了，人们会不自觉地享乐，最好的做法就是在挑战和诱惑面前坚定不移，把这些积极的做法形成你的习惯。你看，每天早上刷牙，你需要毅力吗？那是每天例行的。

那么，我们应该如何将读书和学习培养成一种无意识的行为呢？这里，所需要的时间是不定的，但无论如何，它都需要经历三个阶段：

第一阶段：这个阶段的特点是“刻意，不自然”。在这个阶段里，你需要经常提醒自己要自控，要努力做出改变，可能你会显得有些不自然和不舒服，但随着时间的推移，这些感受会逐渐缓解和消失，当然，前提是你正在进步。

第二阶段：此阶段的特征是“刻意，自然”。相对于第一阶段而言，此阶段的你已经不再那么不自然了，但你还需要留意，否则，稍有疏忽就可能回到从前的状态。

第三阶段：此阶段的特征是“不经意，自然”。这个阶段的一切自控都是无意识的，也就是形成习惯了，这是个相对稳定的阶段。一旦跨入此阶段，你就已经完成了自我改造，这种习惯已成为你生命中的一个有机组成部分，它会自然地不停地为你“效劳”。

另外，还有三条小建议能帮助你做到自我控制：

一、把每天的学习计划放在首要位置。

如果你觉得自己的自控能力比较差，无法完成每天的学习任务，那么，你不妨把这一项工作放到每天的清晨来完成。早上，你可以提前10分钟或半小时起床，把这一段时间用来完成你的学习计划。

二、每天的学习时间要适度。

你需要根据自己的实际情况来调整每天的学习计划。比如，如果你以前的学习时间从未超过一个小时，那么现在，你就不能一口吃个胖子，每天为自己定制学习三四个小时的计划，而应该把学习时间设置为一个或者一个半小时，再把半小时或一个小时的学习时间拆分为每次10分钟或20分钟，这样更容易每天坚持下去。

三、不要浪费那些零散的时间。

有的时候你会发现自己很忙，无法拿出整段的时间来学习。这时你可以学习利用零散的时间段来完成你的计划。比如，坐车的时候，你可以戴上耳机听听英语，等车的时间，你可以拿出报纸浏览当天的时事。

最好不要把时间都花在玩手机或者掌上电脑上，因为一些娱乐性游戏只会让你变得更疏于学习。

自控小贴士

每天坚持学习的最好方法就是把学习变成一种习惯。曾经有一项研究表明，一个人在一天内的所有行为中，大约只有5%是属于非习惯性的，而剩下的95%的行为都是习惯性的。当花上一段时间把你的学习计划变成自己的习惯之后，你就会发现自己离目标越来越近。

第04章

矫正“玩”心，削弱享乐主义心理

追求快乐、逃避痛苦是人的本性，我们不难发现，很多人穷其一生，都在追求快乐。但快乐的真正定义又是什么呢？其实，快乐是一种心灵的充实，而不是躯体的享乐。任何一个渴望成功的人，都必须认识到，成功是离不开自我控制的，而贪图享乐的人最终只会失去斗志和激情，只能碌碌无为。因此，我们有必要剔除自己的享乐主义心理，做一个有目标、有耐力、能够苦中作乐的人，这样才能朝着心中的目标不断奋进！

玩物丧志，享乐只会让你沉沦

我们知道，在人的天性里，都是追求快乐而逃避痛苦的。人们获取快乐的一个重要方法便是“玩”，在玩的过程中，人的身心能得到放松，人们能忘却很多现实生活中的烦恼，但一味地追求玩乐只会让我们逐渐失去自控能力和斗志，让我们的行为偏离正确的轨道，久而久之，我们离自己的目标也越来越远。古人云：“玩物丧志”，大致就是这个道理。这句成语见于《尚书·旅獒》：“玩人丧德，玩物丧志。”关于这一成语，有这样一个典故：

周武王姬发带领军队灭了商朝之后，建立了西周王朝。他吸取前朝灭亡的教训，开始采取一系列巩固政权的措施。一方面，他将全国的土地划分为几个部分，分封诸侯；另一方面，他派遣使臣到那些边疆地区，以号召各国臣服周朝。

西周逐渐强大起来，那些边远国家和地区自然也都臣服于它，于是，他们争相将贡品送到西周都城，也就是今天的西安。

一天，姬发在处理完政事之后，听说西方旅国有人献上一个奇宝。他充满好奇心的赶紧命人送进来，才发现是一条大狗，这种狗在西方旅国被称为獒。这只狗身高体重，且通人性，见了周武王就赶紧俯首行礼。周武王看了，心情非常愉悦，命人收下了这只宝狗，并重赏了使者。

周武王的一举一动都被站在身后的太保召公看在眼里，记在心中。当这些人离去之后，他赶紧写了一篇《旅獒》呈给周武王，这篇奏折的内容大致是：武王今天的政权来之不易，如果不艰苦奋斗，那么，所有的胜利果实很可能会毁于一旦。其中他这样写道：轻易侮弄别人，会损害自己的德行；沉迷于供人玩弄的事物，会丧失进取的志向。

周武王读完《旅獒》后，便想到了商朝灭亡的教训，觉得召公奭的劝告是对的，于是把收到的贡品分赐给诸侯和有功之臣，自己则兢兢业业地致力于国家的治理和建设。

“玩物丧志”这句成语，常用来指醉心于玩赏某些事物或迷恋于一些有害的事情，就会丧失积极进取的志气。从这个典故中，我们应当有所启示：一个人，要想有一番作为，就必须要学会自控，控制自己的“玩”心，剔除自己的享乐主义心理。事实上，那些成功者之所以成功，并不是因为他们喜欢吃苦，而是因为他们深知只有磨炼自己的意志，才能让自己保持奋斗的激情，才能不断进步。

然而，我们不得不承认的一点是，现代社会，随着物质生活的提高和科学技术的进步，一些人被周围的花花世界所诱惑，一有时间，他们就置身于灯红酒绿的酒吧、歌厅，就连独处时，他们也宁愿把精力放在玩游戏、上网上，时间一长，他们的心就再也无法平静，他们习惯了天天玩乐的生活，他们再也没有了曾经的斗志，最后只能庸庸碌碌地过完一生。

因此，无论何时，我们都要控制自己的“玩”心，享乐只会让我们不断沉沦，闲暇时我们不妨多花点时间看书、学习。只有不断地充实自己，才能在未来激烈的社会竞争中立于不败之地。

“每天下班后，我宁愿去图书馆看看书，也不愿意和一群人聚在酒吧。每读一本书，我都能获得不同的知识，有专业技能上的，有人生感悟上的，有风土人情，有幽默智慧。我很享受读书的过程，每次从图书馆出来都已经夜里十点了，在回家的路上，看着路边安静的一切，风从耳边吹过，我真正感到了内心的安宁。同事们都说我这人太宅了，但我觉得，这样的生活很充实，内心有书籍陪伴，我从不感到孤独。实际上，在很久以前，我也是个爱玩的人，常常和朋友喝酒喝到半夜才回家，一到周末就约朋友出去吃饭、唱歌，我很少一个人待着，有时候，真当我一个人在家的时候，我也会找一些娱乐项目，比如，上网、打游戏、跳舞等，我觉得自己根本闲不下来。

但就在我30岁生日那天，发生了一件令我这辈子都无法释怀的一件事。我的一个朋友，那天晚上，我们喝得很多，离席后，他开着车自己回去了，谁知道在半路上出了车祸。我很后悔，假如我没有让他喝那么多的酒，就不会出事。从这件事以后，我改变了对人生的看法，如果我的下半生还是这样浑浑噩噩地过，那么，这和一具行尸走肉又有什么区别呢？

后来，在一个图书馆管理员朋友的推荐下，我开始接触到各种各样的书籍，从这些书中，我学到了很多……”

这是一个深爱读书、拒绝玩乐的人的内心独白，的确，他说得对，一个整天玩乐的人就如同一具行尸走肉，真正内心的快乐其实并不是玩乐能带来的，而是努力充实自己的心灵。当然，如果你是一个爱玩的人，那么，从现在开始学会自控、纠正自己的玩乐心理并不晚，这需要你做到以下几点：

一、替代法。

当你想玩乐的时候，不妨做一些其他比较轻松的活动，比如，如果想玩游戏，此时，你可以改为运动、唱歌、看书等。当你沉浸其中的时候，游戏对你的诱惑也就慢慢地削减了。

二、比较法。

你可以在内心作一个比较：此时“玩”与“不玩”会有什么区别？以玩游戏为例，玩游戏可能会耽误你的学习和工作，影响你的休息。但“不玩”，你会节约出很多时间从事其他事情，相比较而言，哪一种选择更明智，很明显是后者。长期的心理建设会让你减少对游戏的欲望。

三、矫正玩乐心态并不意味着要杜绝玩乐。

即使你是个爱玩的人，也不可能完全限制自己的行为，毕竟一个人不可能24小时都工作或者学习，因此，你最好学会循序渐进地调整。你可以为自己制订一些小计划，比如，限制玩乐的时间，但无论如何，你一定要完成。如果你完成不了，就一定要找出原因，在迷茫的时候帮助你改善自己的自控能力。

自控小贴士

控制自己往往是在自己理性的时候，而不想控制自己往往是在自己感性的时候。所以，矫正自己的玩乐心态最好的方法就是一个理性的心理建设过程。当然，对于玩乐，没有人能够完全避免，所以只能改善。

持久的忍耐才能换来收获的果实

我们知道，大千世界，处处都是存在辩证法的，有得就有失，有失也有得，得与失是矛盾的统一体，其中，要成功就必须放弃享乐。我们不难发现，大凡做出一些成就的人，他们必定会经受一些磨难，吃尽苦头，然后才能等到出头之日，一鸣惊人。在这个过程中，他们不断地忍耐着痛苦与辛酸，精神上的、身体上的，那些痛彻心扉的日子，他们咬着牙，将滴落的血吞进肚子里。有时候，为了完成自己心中的理想，他们可能要寄人篱下，甚至遭人白眼、受人讽刺，但他们都忍耐了过来，在这个过程中，他们放弃的就是暂时的享乐。但实际上，他们明白最终会有守得云开见月明的一天，到那时，自己以前所受的苦难都是值得的，因为它们已经凝结成了耀眼的成功的光环。

相传，勾践战败后，他接受了大臣文种的建议，收买了吴国太宰伯丕，向夫差称臣纳贡求降，越王和王后到吴国给夫差为奴做妾。夫差答应了，在吴国对勾践夫妻极尽羞辱，勾践在夫差面前一副感恩戴德五体投地的奴才相，嘴里还感激夫差不计前嫌、以德报怨、宽宏仁慈。勾践在夫差面前表现得十分恭敬，称自己为贱臣，小心翼翼，百依百顺。夫差要上马，勾践就跪下来让夫差踏在自己的后背上马。夫差生病了，勾践在夫差面前寝食难安，问病尝粪，嘴里一边吃着夫差的大便，还一边说出自己的忠诚之志："恭喜大王，大王的病就快好了。"

就这样，勾践以自己的忠诚打动了夫差，终于夫差下令让勾践回到越国。勾践回到越国之后，立志要报仇雪恨，他唯恐眼前的安逸消磨了自己的志气，于是在吃饭的地方挂上一个苦胆，每逢吃饭的时候，就先尝尝苦味，并问自己：“你忘了会稽的耻辱了吗？”他还把席子撤去，用柴草当作褥子，这就是后人一直传诵的“卧薪尝胆”。

勾践能做到“卧薪尝胆”就是一种自控力，战败后的他完全可以继续自己享乐的生活，但是他却选择了忍耐。在吴王夫差面前，勾践简直跟奴才差不多，甚至比奴才更卑贱，不仅受到了夫差的百般侮辱，而且嘴里还感激夫差不计前嫌、以德报怨，并自称“贱臣”。这样的姿态，比委曲求全更甚，自己所受的侮辱和苦难那不是普通人能及的，但勾践都一一忍耐了过来。其实，他早就有了复国大计，之所以在夫差面前百般受辱，那是为了赢得夫差的信任，这样自己就可以早日回到越国去施行复国大计。那看似的委曲求全，实则是一个计谋，勾践早已经将整个计划运筹帷幄于股掌之间。于是，这才有了后面“勾践灭吴”的故事。无独有偶，曾国藩的忍耐力也是值得我们学习的。

曾国藩刚开始办团练的时候，其中除了大量的湘军勇士，还有不少的绿营军，这使得曾国藩面临更多的问题。而且在操练中，曾国藩始终坚守着“吃得苦中苦”，对将士们要求十分严格，风雨烈日，操练不休，这对于来自田间的乡勇来说，并不觉得太苦。但是，对于那些平日里只会喝酒、赌钱、抽鸦片的绿营兵来说，却像是“酷刑”，对此，绿营上上下下怨声载道。副将不到场操练，根本不把曾国藩放在眼里。甚至还对底下的士兵宣称：“大热天还要出来操练，这不是存心跟我们过不去吗？”曾国藩一方面忧心军队的操练，一方面还要应付绿营军的捣乱，日子过得十分辛苦。

当时，在长沙城内驻扎着绿营兵和湘勇，绿营军战斗力极差，受到了湘勇的轻视，对此，绿营兵十分愤怒，经常与湘勇发生摩擦。双方水火不容，开始由一些小争执变为战斗。而且，绿营军是朝廷的正规军队，深得清朝庇护，曾国藩所操练的湘军不过是乡间勇士，无人庇护。于是，曾国藩只能严格要求自己的军队，不得与绿营军发生冲突。即使曾国藩一再忍受绿营军的欺辱之苦，但仍改变不了现状，绿营军更加横行霸道，湘军进出城门都会受到公然侮辱。朋友看见曾国藩如此辛苦，劝他参奏绿营军，不料，他却推托："做臣子的，不能为国家平乱，反以琐碎小事，使君父烦心，实在惭愧得很。"过了一阵子，曾国藩就将湘勇遣往外县，将自己的司令部也移到了衡州。

其实，曾国藩在组建湘军之际，确实吃了不少苦头，本身，组建军队就将面临着一切苦难，而同时还要遭受绿营军的挑衅，那确实是一段异常辛苦的日子。当时，咸丰帝下令曾国藩办团练，由于朝廷战事甚紧，也没给军队军饷，曾国藩作为军队的创办者必须解决军队的军饷问题，然而，这一切困难，曾国藩都以坚韧的意志忍了过来，他明白"只有吃得苦中苦，方能为人上人"。试想，如果当初曾国藩忍受不了绿营军的挑衅，在朝廷不提供军饷的情况下，就停止操练，哪里还有后来轰动一时的湘军呢？在绿营军面前的看似委曲求全、百般忍让，其实都在曾国藩的掌控之中，唯有这样，才能建立起一支独立而极具力量的湘军。

当然，忍耐也是有目的的，如果一个人是毫无目的地忍耐，不管遇到何人何事都采取忍耐的态度，那这样的忍耐就是愚蠢的。在忍耐的同时，我们应该问自己"为什么忍耐"、"忍耐需要达到什么样的目的"，当心中有计划，那就必须忍耐；羽翼未丰，也需要忍耐。这样的忍耐是一种智谋，因为在委曲求全忍耐的同时，我们早已经将所有的计划掌控于胸中，忍耐不过是为了赢得最后的成功拖延时间而已。

自控小贴士

忍耐就是一种自控力。任何一个人在追寻目标的过程中，都必须要忍耐，不仅要忍耐失败带来的痛苦、生活的平庸，更要学会控制享乐的心，"吃得苦中苦，方为人上人"，享乐只能让我们不断地懈怠，忍耐才能让我们磨炼自己的意志，帮助我们朝着目标不断前进。

自控力助你实现困境中的蜕变

在人生路上，我们每个人都在为自己的目标奋斗着，但这并不是一个一帆风顺的过程，那些成功者，也必定是经历了百转千回的磨砺和痛苦，甚至是痛苦的蜕变，因此，我们说，成功是容不得我们有享乐之心的。俗话说：“命好使人废。”温室中的环境是培养不出人才的。生活中的我们，在遇到困难的时候，也要有忍耐力去拥抱你的困难，只有坚强地面对，你才能实现人生的成功蜕变。这和蝴蝶的蜕变一样，先是虫卵，然后等春天来了，出来了毛毛虫、菜青虫之类的虫子，这时基本上都是害虫，然后它们生长一段时间以后成熟了，就开始吐丝结茧，再过一段时间之后才会变成“翩翩起舞”的蝴蝶。万花丛中，我们看蝴蝶，那美丽的翅膀抖动着，那亮丽的花纹在阳光的照射下更是熠熠生辉。可是，我们在赞叹蝴蝶美丽的同时，是否想到了它蜕变背后的艰辛呢？

蝴蝶的蜕变是需要代价的，它所承受的代价就是忍受痛苦：蜕变的苦痛、等待的焦躁、忐忑不安的心境。这些都是蝴蝶在蜕变之时所承受的苦痛，其实，人何尝不是一样呢？如果自己想要成功，就必须经历一个煎熬的过程，好像蝴蝶蜕变一样，刚开始可能你只是一个什么都不会的毛头小伙子，后来慢慢地开始有了想法，开始去尝试，尝试之后是失败，失败了再尝试，在忍受了无数次失败的痛苦之后，你才能迎来成功。然而，在这个过程中，你更需要一种顽强的自控心，如果你贪图享乐，那么，你只会半途而废。

美国人克里斯朵夫·李维在电影《超人》中扮演超人而一举成名。但谁能料到，一场大祸会从天而降呢?

1995年5月27日，克里斯朵夫·李维在弗吉尼亚一个马术比赛中发生了意外事故，以致头部着地，第一及第二颈椎全部折断。5天后，当他醒来时，医生说不能够确保克里斯朵夫·李维能活着离开手术室。

那段日子，克里斯朵夫·李维万念俱灰，许多次他甚至想轻生。出院后，为了平缓他肉体和精神上的伤痛，家人便推着轮椅上的他外出旅行。有一次，小车正穿行在落基山脉蜿蜒曲折的盘山公路上。克里斯朵夫·李维静静地望着窗外，发现每当车子行驶到无路的关头，路边都会出现一块交通指示牌："前方转弯！"或"注意！急转弯"的警示文字赫然在目。而拐过每一道弯之后，前方照例又是一片柳暗花明、豁然开朗。山路弯弯、峰回路转，"前方转弯"几个大字一次次地冲击着他的眼球，也渐渐地叩醒了他的心扉；原来，不是路已到了尽头，而是该转弯了。他恍然大悟，冲着妻子大喊一声："我要回去，我还有路要走。"

从此，他以轮椅代步，当起了导演。他首席执导的影片就荣获了金球奖；他还用牙紧咬着笔，开始了艰难的写作，他的第一部书《依然是我》一问世就进入了畅销书排行榜。与此同时，他创立了一所瘫痪病人教育资源中心，并当选为全身瘫痪协会理事长。他还四处奔走，举办演唱会，为残障人的福利事业筹募善款，成了一个著名的社会活动家。

后来，美国《时代》周刊报道了克里斯朵夫·李维的事迹。在这篇文章中，他回顾自己的心路历程时说："以前，我一直以为自己只能做一名演员；没想到今生我还能做导演、当作家，并成了一名慈善大使。原来，不幸降临的时候，并不是路已到了尽头，而是在提醒你：你该转弯了。"

一次偶然的事件，让原本几乎绝望的克里斯朵夫·李维重新选择了一条人生路。在这条路上，他同样取得了成功，甚至是辉煌。在面对身体上的巨大折磨时，和克里斯朵夫·李维一样，可能很多人都会有轻生的念头，但是，转念一想，难道不是这些所谓的困难和逆境才让我们获取了更多的成长机会、磨炼了我们的意志吗？假如我们的人生一帆风顺，那么，好命的我们只能是温室中的花朵，经受不住任何风雨的打击。

帕格尼尼的人生是充满苦难的：在他4岁时，一场麻疹和强直性昏厥症，差点要了他的命；7岁时，他又患上了严重的肺炎，不得不进行放血治疗；46岁时，他的牙床突然长满脓疮，只好拔掉几乎所有的牙齿；牙病刚刚好，他又染了上可怕的眼疾，幼小的儿子成了他手中的拐杖；年过半百后，关节炎、肠胃炎等多种疾病又时刻吞噬着他的肌体；后来，他的声带也坏掉了，只能靠儿子按口型翻译他的思想；57岁时，他口吐鲜血而亡；死后，他的尸体也备受折磨，先后搬迁了8次！

但是，面对人生中的这么多苦难，帕格尼尼并没有沉沦，他不仅用独特的指法弓法和充满魔力的旋律征服了整个世界，而且发展了指挥艺术，创作出《随想曲》《无穷动》《女妖舞》和6部小提琴协奏曲以及许多闻名世界的吉他演奏曲，可以说他是一位善于用苦难的琴弦将天才演奏到极致的奇人。

听到了帕格尼尼的悲苦演绎，李斯特大喊：“天啊，在这4根琴弦中包含着多少苦难、痛苦和受到残害的挣扎着的生灵啊！”在追求事业的过程中，苦难是不可避免的，但我们每个人都有自己的选择，有的人选择抱怨，有的人选择自暴自弃、贪图享乐，有的人选择隐忍、奋进。很多时候，我们已经忘记了还有一种东西——意志力，当我们保持顽强的意志力时，苦难就会令我们变得更坚强，成功也就指日可待了。

追求快乐是人的本性，但我们同样应该有面对困难的勇气和意志力，失败平庸者多，主要是心态有问题。遇到困难，他们总是挑选容易的倒退之路。“我不行了，我还是退缩吧。”结果陷入失败的深渊。成功者遇到困难，他们能心平气和，并告诉自己：“我要！我能！”“一定有办法。”最终，他们成功了。

自控小贴士

我们每个人，在人生的路上都可能遇到一些难题，它会阻碍我们前进，甚至让我们心灰意冷、沉溺于玩乐之中，但请一定要记住，明天还未来到，昨天已经过去，珍惜今天，调整好心态，才能真正把握大局，才能找到前进的路！

贪图享乐才是人生最大的痛苦

我们知道，痛苦和快乐是相对的概念，前者是人们在生活中极力避免的，后者则是人们努力追求的，事实上，痛苦和快乐的意义仅仅在于它提供了生存和发展的动力。真正的快乐来自于灵魂的丰满，一个内心充实的人便是快乐的，而享乐主义则把人生目标的影子当成了人生目标。其实，一个人之所以会在一生中交替出现快乐和痛苦，是因为在他的内心世界中，意志和理性所占的份额不同：当意志强于理性，必然导致失败的痛苦。反过来，人就是快乐的。也就是说，如果我们能控制自己的享乐心态，那么，我们便能削减痛苦。而如果我们任由享乐主义侵占自己的心灵，那么，这才是人生最大的痛苦。相信很多人都读过法国作家福楼拜的代表作《包法利夫人》。

主人公爱玛是一个富裕的农民的女儿，曾经在专门训练贵族子女的修道院读过书，尤其喜欢读一些浪漫派的文学作品。虽然现实生活很残酷，但是爱玛却经常沉浸在自己虚构的奢华生活中无法自拔。现实和虚幻世界的强烈反差，使她非常苦闷。成年之后，爱玛嫁给了包法利医生，但是，医生微薄的收入根本无法供她挥霍。而且，爱玛非常讨厌其貌不扬的夏尔·包法利那极其满足现状的个性。即使在有了孩子之后，爱玛的母爱也没有苏醒。她一心一意、执迷不悟地贪图享乐，爱慕虚荣，竭尽全力地满足自己的私欲，梦想着能够过上贵妇的生活。为了追求浪漫的爱情，寻求她心目中的英雄，爱玛先是受到罗多尔夫的勾引，结果被欺骗了。后来，她又与莱昂暗中私通，中了商人勒乐的圈套，最终导致负债累累，不得不服毒自尽。

在这篇小说中，福楼拜批判了爱玛爱慕虚荣的本性，也深刻地批判了社会的畸形。这种批判引人深思，让人警醒。虽然如此，时至今日，人们还在犯着同样的错误，并且有愈演愈烈之势。现代社会，那些年轻漂亮、有高学历的女孩子心甘情愿地当有钱人的情妇，甚至还有大学生公开求包养。虽然每个人都贪图荣华富贵，但是君子爱财，取之有道。如果一个女人依靠自己的年轻貌美来换取安逸的生活，不得不说这是社会的悲哀。在某种程度上，这些现代的拜金女甚至还不如爱玛。在19世纪，女子必须依赖男子而生存，因此，爱玛曾经叹息过自己没有生一个男孩。但是，随着社会的发展，女人的地位不断提高。在现代社会，女人完全可以凭借自己的实力独立于世。在这种社会环境中，贪图享受，企图不劳而获，岂不是莫大的悲哀？沙翁说：“弱者啊，你的名字叫女人。”女人虽然在生理上有弱势，但是女人柔弱而又坚韧。在社会上，很多女人坚强而柔韧，巾帼不让须眉。

的确，现代社会，物质极大丰富，有无数的好东西值得我们拥有。但是，并非每一个人都能如愿以偿地拥有自己心仪已久的东西。例如，一克拉的大钻戒，每个女人都梦想着能够拥有，但是却很少有人有机会拥有。难道我们就要把自己一生的目标都定位于拥有一克拉的钻戒吗？毫无疑问，大多数女人没有这么做，她们把它当成一个美好的梦，淡然地过着平凡的生活。同样的道理，谁都想住别墅、开好车，但是大多数只能租房或者买个小房，挤地铁、公交，或者开着几万块钱的车，照样生活得很幸福。因此，在追逐人生目标的道路上，我们并不是说要完全摒除享乐，但如果你贪图享乐，甚至采用一些非法手段来获取享乐的物质，那么，你只能走上万劫不复的道路。

张某刚刚年满18岁，小学毕业后一直在其父亲经营的饭店里帮忙。很长时间以来，张某都梦想着有属于自己的车，甚至连做梦都在想。4月17日中午，张某趁自己一个人在家的机会喝了半斤多的白酒，希望以此壮胆，去街上抢一辆车来开。下午三点钟前后，他将提前准备好的水果刀藏在身上，去了出租车比较多的县人民医院附近。在那里转悠了两圈后，张某看到医院大门口南路东边有一辆红色吉利出租车，司机是一名三十来岁的女性。上车之后，张某坐在正后方的后排座位上，报了一个地名，并且和司机谈妥了价格。行驶了没多长时间，张某就叫司机拐弯上了偏僻的乡间小道。当车行驶到没有人的路段时，张某掏出提前藏在身上的刀子向女司机的脖子右侧前后划了一刀。女司机猝然受到攻击，就一边喊“救命”，一边打开车门往外跑。情急之中，张某顺势又用刀子朝她的脖子连续划了三四刀。女司机只跑了四五十米的路程，就因为失血过多当场死亡。因为紧张和驾驶技术不熟练，张某开车逃跑时撞上了路边停着的一辆农用三轮车，之后，又在慌乱之中撞到路边的石坝上。为此，张某弃车逃跑。

在张某逃跑到圣水峪乡小城子村时，已经有几个村民先后知道了有人被杀的事情。村民陈某某是最先遇到仓皇逃跑的张某的，他及时报警，并且通知了村支书。在村支书的带领下，村民们自发组织起来在小城子村展开了找寻张某的大搜捕。后来，民警赶到，和村民在小城子村北水库边发现了因无路可逃而跳入水库的张某，并且将其擒获。至此，案发不到两个小时。事后，在审问的过程中，张某说自己之所以抢车，就是因为想弄辆车开开，让大家都羡慕自己。

因为希望拥有一辆车，能让别人羡慕，张某不惜抢劫杀人，也葬送了自己的人生。面对这场人间惨剧，人们不得不深思。然而，不得不承认的是，一些人渴望过上富裕、人人羡慕的生活，却不努力，于是，他们企图通过一些所谓的捷径来达到目的，最终，他们不仅给别人带来了伤害，也毁灭了自己。

自控小贴士

在人生发展的道路上，我们如何选择继续往前走，决定了我们生命的高度。一些人贪图享乐，甚至一条道走到黑，他们浑浑噩噩地度过每一天，在错误的道路上越走越远，在追逐已定目标的道路上逐渐迷失了自己。因此，我们每个人应该学会正确地定位自己、认清自己，看到自己的价值，然后找准目标，挖掘到自己的内在动力，再朝着正确的方向努力，这样就能充分发挥自己的价值。总之，我们要告诫自己，绝对不能做一个没有追求、漫无目的的享乐主义者！

调节身心，享受奋斗中的“痛苦”

我们知道，没有人能随随便便成功，自古以来的许多卓有成就的人，大多是抱着不屈不挠的精神，忍耐枯燥与痛苦之后，从逆境中奋斗挣扎过来的。在哈佛有一句名言：“请享受无法回避的痛苦，比别人更早更勤奋地努力，才能尝到成功的滋味。”在人生的道路上，我们若想有所收获，就必须学会吃苦，学会苦中作乐，这其中，自控力起到了一个很好的调节作用。如果我们想改变自己的行为，就必须要把我们的旧行为和痛苦连在一起，而把所希望的新行为和快乐连在一起，否则任何改变都不会持久。比如，在挫折面前，人们有着不同的理解，有人说挫折是人生道路上的绊脚石，有人却说挫折是垫脚石。之所以人们有如此不同的态度，就是他们的自控力不同，所谓“百糖尝尽方谈甜，百盐尝尽才懂咸”。与河流一样，人生也需要经历洗练才会更美丽，经过枯燥与痛苦之后，才能收获成功的果实。

我们先来看下面一个故事：

许多年前，一位颇有分量的女性到一个学院给学生发表讲话。虽然这个学院规模并不是很大，但这位女性的到来，使得本来不大的礼堂挤满了兴高采烈的学生，学生们都为有机会聆听这位大人物的演讲而兴奋不已。

经过州长的简单介绍，演讲者走到麦克风前，眼光对着下面的学生们，向左右扫视了一遍，然后开口说：“我的生母是聋子，我不知道自己的父亲是谁，也不知道他是否还活在人间，我这辈子所拿到的第一份工作是到棉花田里做事。”

台下的学生们都呆住了，那位看上去很慈善的女人继续说：“如果情况不尽如人意，我们总可以想办法加以改变。一个人若想改变眼前的不幸或无法尽如人意的情况，只需要回答这样一个简单的问题。”接着，她以坚定的语气接着说：“那就是我希望情况变成什么样，然后全身心投入，朝着理想目标前进即可。”说完，她的脸上绽放出美丽的笑容：“我的名字叫阿济·泰勒摩尔顿，今天我以一位美国女财政部长的身份站在这里。”顿时，整个礼堂爆发出热烈的掌声。

阿济·泰勒摩尔顿是一位女性，一位生母是聋子、不知道亲身父亲是谁的女性，一位没有任何依靠饱受生活磨难的女性，而恰恰是这位表面柔弱的女性，竟成为了美国唯一一位女财政部长。说到自己的成功，她只是轻描淡写地说：“我希望情况变成什么样，然后就全身心投入，朝着理想目标前进即可。”在这句看似平淡的话语中，却告诉我们一个道理：任何人，在人生的道路上，只有看到前方光明的道路，看到成功后的喜悦，才能忍耐当下的痛苦与枯燥。

曾国藩说：“吾平生长进，全在受挫受辱之时，打掉门牙之时多矣，无一不和血一块吞下。”如果经不起挫折，忍受不了挫折带来的痛苦与失败，我们就将沉没在毫无希望的生活里，永远没有前进的方向。凡是能够成大事者，他们必须耐得住痛苦，忍受得了失败的打击，因为成功需要风雨的洗礼，而一个有追求、有抱负的人，他总是视挫折为动力。他们为什么能做到视挫折如动力呢？因为他们有着惊人的调节力，他们能看到“风雨”之后的“彩虹”，那么，他们又何惧“风雨”呢？

那么，具体来说，我们应该如何用自控力来调节奋斗中的痛苦呢？

你可以尝试着这样做：现在，你诚恳地问自己，在过去的五年，你在人生的各个层面因为旧习惯付出了哪些代价？如果用金钱衡量会是多少？给你心爱的人带来了哪些损害？而接下来的一年、两年或者更多的时间，如果你仍然没有做出任何改变，那么，你会因此付出哪些代价？如果用金钱衡量会是多少？会给你心爱的人带来哪些损害？请详细地描述你看起来会怎么样？有什么感觉？如果你能做出一个明智的比较，相信你就能找到前进的动力了。

自控小贴士

忍耐枯燥与痛苦是成功的必经之路。懂得苦中作乐是我们不断朝前奋进的动力，在这个过程中，需要我们用自控力来战胜枯燥与痛苦，甚至是失败。这一切都需要忍耐，如果没有坚强的意志力，就难以忍受，最后就不能获得成功。

第05章

运动起来，从身体锻炼中获得意志力

在古希腊有句格言：“如果你想强壮，跑步吧！如果你想健美，跑步吧！如果你想聪明，跑步吧！”卢梭也曾经说过：“身体虚弱，它将永远不会培养有活力的灵魂和智慧。”我们知道，科学的运动健身可以促进人体的生长发育，提高人体机能水平，降低发病几率，使人延年益寿等，但我们可能没有意识到，身体的锻炼还能让我们的心也得到修炼：缓解心理压力，保持心情舒畅，培养自控意识。因此，我们要把身体锻炼当成一项长期从事的事业，并坚持下去，相信我们能从锻炼中获得即时能量。

别让心呆懒了，享受运动的快乐

生活中，人们常说“生命在于运动”，运动是保持身体健康的重要因素。早在2400年以前，医学之父希波克拉底就讲过：“阳光、空气、水和运动，这是生命和健康的源泉。”生命和健康，离不开阳光、空气、水分和运动。长期坚持适量的运动，可以使人青春永驻、精神焕发。每天都处于紧张的工作和生活压力之下的人们，你是否有这样的感觉：每天早上起床都感到浑身无力，而到了一天工作结束的时候，你已经累得四肢无力了？夜深人静时，你是否依然辗转难眠？你是否感觉到你的体重正在呈上升趋势？其实，这都是你的身体开始出现亚健康的标志。怎么办？也许你会想到很多种药物治疗，你开始吃安眠药，你开始节食，但似乎并没有多少成效，正如曾经有人所说的：“运动的作用可以代替药物，但所有的药物都不能替代运动。”如果你尝试着坚持运动，你会发现，汗水会让你的身体慢慢地轻盈起来。

在美国，前总统布什是他们运动以及锻炼身体的楷模。

布什没有那么多的时间进行户外训练，于是，他把跑步的项目放到了健身房中，在重量训练上，他还进行了坐姿推举、扩胸与扩背运动。

为了锻炼身体，布什经常利用一切可以利用的时间跑步。曾经在访问墨西哥的途中，他就在空军1号会议室里的一台跑步机上跑了起来。可以说，布什是走到哪里就跑到哪里，他跑步的身影在美国的许多地方出现过。在总统套房里，在戴维营的林间小道上，当然，还有位于白宫顶楼的健身房内。

迄今为止，他个人跑步的最好成绩是6分钟45秒跑完1英里。

布什每周跑步4～5次，举重至少2次。其中周四进行长跑，周日一般进行快跑训练，其他时间进行慢跑和器械练习。

无独有偶，新加坡内阁资政李光耀也是个爱运动的人，他每天都会坚持长跑20分钟。

不论在家还是出国，每天坚持跑20分钟已经成为他雷打不动的习惯。曾经，他说："我每天都做运动，如果不做，便感到懒散，我发现健身操使我感觉更好，能开胃，也睡得更好。"他不仅喜欢跑步，还有游泳和自行车。如果是应邀去没有运动设施的国家开会，他的随身行李一定要带着可折叠的健身脚踏车，清晨或晚饭前进行运动。李光耀认为，有了运动，还要有足够的休息才能健康，每天睡眠8个小时最理想，但通常他只睡六七个小时，因为睡眠质量好，从不失眠。

李光耀曾是个胖子，喜欢吃炸鸡翅，喝啤酒和葡萄酒。他现在这副身板，都是他努力进行体育锻炼的结果。他特别倡导体育运动，他认为居住在城市里的人，必须注意锻炼身体，这方面他率先做到了。

现在的他已年过古稀，但仍然头脑清楚、精神饱满、腿脚利落。

生活中的人们，也许会说，我每天很忙，没有时间运动。那布什和李光耀是怎么做到的呢？所以，不要再给自己找借口了。如果你能坚持运动，那么，你不仅能减掉身上多余的脂肪，还能获得身心的放松。

美国运动医学院的研究表明，正确的运动可以帮你持久地保持健康活力和苗条体态的程度高达70%，更健康的心脏和更低的患癌风险是运动带来的最为显著的两大益处。

的确，运动的好处实在太多了，总结起来，大致有以下几个方面：

一、缓解身体的自然疼痛。

如果你经常感到身体的某些部位不舒服，比如，头疼、膝盖疼或者脖子僵硬，那么，休息和吃药并不是最好的方法，运动却能帮助你削减甚至消除这些症状。

美国斯坦福高级研究所的科学家表示，长期坚持有氧运动的成年人同那些总是喜欢躺坐在沙发上的人相比，肌骨骼不适的概率低25%。

你可以这样做：每周两次练习瑜伽或太极，可增加身体的柔韧性，并且减少疼痛感。

二、提升语言能力。

仅在跑步机上跑步锻炼就可以让你更加聪明。因为心脏快速跳动可以增大血流量，向你的大脑输送更多的氧气。同时，还能激发大脑中控制事务处理、制订计划和记忆区域的更新。

你可以这样做：可以用跑步上下楼代替跑步机。

三、减少感冒概率。

适当的运动不仅能够加快你的新陈代谢，还可以提升你的身体免疫力，帮助你的身体对抗感冒病毒和其他细菌的入侵。

你可以这样做：保持运动，但不要做过度。如果经常剧烈运动，例如，跑步超过90分钟，反而会降低身体的免疫力。

四、更快乐地工作。

英国布里斯托尔大学的研究表明，积极的生活方式可以帮助你更好地完成每天的工作计划清单。同时，你也会避免因为生病而耽误工作。

你可以这样做：参加健身课程，如果没有足够的时间，可以参加午间的瑜伽课程。

五、视力更清晰。

对心脏有帮助的事物就会对视力有帮助。很明显，运动是对心脏有帮助的。英国的眼科研究发现，积极运动的生活方式会令你随着年龄的增长所带来的视力衰退的几率减少70%！

你可以这样做：如果条件允许的话，每天步行6公里，全年戴上防紫外线太阳镜。

六、帮助深度睡眠。

曾经有医学杂志报道，每周4次、每次至少用1小时来散步和其他有氧运动的人，睡眠质量会明显高于那些不爱运动的人。

的确，现代社会，伴随着高强度的工作压力、年龄的增长，人的睡眠形式会发生改变，很多人都有“浅眠”的苦恼。所谓“浅眠”，指的就是无法真正地进入睡眠，夜间休息不好，身体得不到调整，又会影响第二天的工作和学习。

你可以这样做：每天不管多晚都要至少锻炼半个小时。研究表明，对大多数人来说，夜晚少量和中度的运动并不会扰乱睡眠。

七、任何尺寸都觉得性感。

适当有效的锻炼基本上可以保证拥有更好的体态。华盛顿大学的研究发现，只是一次20分钟的骑单车运动，就可以将女性的性吸引力指数提高169%！而且这一益处可以经受住时间的考验：哈佛大学对游泳者进行的研究发现，那些平均年龄超过60岁的人，仍然能够像年轻时一样获得性满足。

你可以这样做：每晚在享受浪漫时分前，不妨先进行20分钟有氧运动，每天步行或练习瑜伽会令你在任何时候都感觉良好。

自控小贴士

运动带给我们的最大的好处就是让我们的身心更加健康。如果你发现某些运动非常适合你，那么这会使运动更加有趣，如果你对某项运动非常期待，那么你也可能会喜欢上这项运动。当然，运动也贵在坚持，一项运动至少坚持三周。一个舍得持之以恒花时间运动的人，在他四五十岁时，岁月一定会报偿他！

基于身体锻炼之上获得的意志力

我们知道，在追求成功的过程中，意志力起到了无法替代的作用。那些成功者之所以成功，就是因为他们能吃得起苦、经得起挫折，而大多数人都与梦想渐行渐远。为什么呢？因为我们认为梦想终归是梦想，只把它当成了遥不可及、无法实现的目标。我们有很多理由，例如：我没有足够的资金开创自己的事业；我的学历不高；竞争太激烈，做这个太冒险了；我没有时间；我的家人不支持我……而没有足够的资金，没有学历，没有这个那个，其实都是缺乏意志力的人为自己找的冠冕堂皇的借口。当然，意志力的获得也是需要我们掌握一定方法的。我们不难发现，生活中，那些能直面工作压力和困难的人，多半都有着健康的体魄，因为他们爱运动、坚持锻炼。据统计，有50%的人一周中至少有一天会感到疲惫。美国佐治亚州大学的研究者通过对70项不同的研究分析得出：让身体动起来可以增加身体的能量、减少疲累感。因此，我们可以说，身体的锻炼能磨炼心志。著名电影《阿甘正传》中的阿甘便是我们学习的榜样。

阿甘于“二战”结束后不久出生在美国南方亚拉巴马州一个闭塞的小镇，他先天弱智，智商只有75，然而他的妈妈是一个性格坚强的女性，她要让儿子和其他正常人一样生活，她常常鼓励阿甘“傻人有傻福”，要他自强不息。而上帝也并没有遗弃阿甘，他不仅赐予阿甘一双疾步如飞的“飞毛腿”，还赐给他一个单纯正直、不存半点邪念的头脑。

在学校里，阿甘与金发女孩珍妮相遇，从此，在妈妈和珍妮的爱护下，阿甘开始了他一生不停地奔跑。在中学时，阿甘为了躲避同学的追打而跑进了一所学校的橄榄球场，就这样跑进了大学。在大学里，他被破格录取，并成了橄榄球巨星，受到了肯尼迪总统的接见。大学毕业后，在一名新兵的鼓动下，阿甘应征参加了越战。在一次战斗中，他所在的部队中了埋伏，一声撤退令下，阿甘记起了珍妮的嘱咐，撒腿就跑，他的飞毛腿救了他一命。在越战中，阿甘交了两个好朋友：热衷捕虾的巴布和令人敬畏的邓·泰勒上尉。

战争结束后，阿甘作为英雄受到了约翰逊总统的接见。在一次和平集会上，阿甘又遇见了珍妮，而珍妮已经堕落，过着放荡的生活。阿甘一直爱着珍妮，但珍妮却不爱他。两人匆匆相遇，又匆匆分手。

作为乒乓外交的使者，阿甘还到中国参加过乒乓球比赛，并为中美建交立了功。在“说到就要做到”这一信条的指引下，阿甘最终闯出了一片属于自己的天空。他教“猫王”埃尔维斯·普莱斯里学跳舞；帮约翰·列农创作歌曲；在风起云涌的民权运动中，他瓦解了一场一触即发的大规模种族冲突；他甚至在无意中迫使潜入水门大厦的窃贼落入法网，最终导致尼克松总统的垮台。

因为“傻人有傻福”，阿甘还阴差阳错地发了大财，成了亿万富翁。而阿甘不愿为名利所累，他做了一名园丁。阿甘时常思念珍妮，而这时的珍妮早已误入歧途，陷于绝望之中。终于有一天，珍妮回来了，她和阿甘共同生活了一段日子，在一天夜晚，珍妮投入了阿甘的怀抱，之后又在黎明悄然离去。3年以后，阿甘又一次见到了珍妮，还有一个小男孩，那是他的儿子。这时的珍妮已经得了一种不治之症，阿甘同珍妮和儿子一起回到了家乡，度过了一段幸福的时光。珍妮过世了，他们的儿子也到了上学的年龄。一天，阿甘送儿子上了校车，这时，从儿子的书中落下了一根羽毛，一阵风吹来，它又开始迎风飘舞。

《阿甘正传》中，阿甘的母亲告诉他：“人生就像一盒各式各样的巧克力，你永远不知道下一块将会是哪种。”的确，在未知的人生面前，无畏的心才会让我们勇往直前。阿甘不平凡的人生就始于他那双“飞毛腿”，因为爱“跑”，他丝毫不畏惧前方的困难；因为爱“跑”，他感悟到了人生的真谛。

除了阿甘之外，生活中，很多人可能惊叹于西点人的成功，并对他们超强的意志力感到佩服，但可能你没注意到一点，任何一个西点人，在文化知识的学习和体能的训练上都是双管齐下的，正是因为这样，他们不但拥有超人的智慧，还拥有强健的体魄。“体能、心智和精神的完美统一”，这是西点军校体能训练和领导力提升的目标。

45岁的戴纽斯上校言行一致，身体力行。在短短一周的访华期间，除了一些重大参观活动外，他还亲自参与了北大国际MBA2007级学生到河北赤城地区的近20公里徒步拓展活动。

西点军校严格的体能训练宗旨绝不是培养四肢发达、头脑简单的运动健将，而是培育一种战士的精神和对使命与责任永不放弃的品质，这为“战争”爆发那个时刻播下了胜利的种子。北大国际MBA毕业生今年5月参观西点军校后难以忘却的印象之一，就是西点士官生的精神面貌和强壮的体魄。

西点军校的校训是教育、培养并感染西点士官生，并使他们铭记“责任、荣誉、国家”，成为有品格、有勇气、精神刚毅、体能强壮的领导人。为此目的，西点军校不仅对士官生有严格的学术、道德、理念和军事技能要求，还特别重视通过体能锻炼课程、健康生活讲座、肢体灵活性训练活动和系列的体能测试，提高西点士官生体能的素质、耐力、爆发力、团队协作能力和在危机状况下的领导力与生存能力。体能锻炼课程除拳击、柔道、攀岩、体操、生存游泳等竞技性体能活动和比赛外，每个士官生必须参加体能训练的各种考核，以达到学校制定的标准。

总之，锻炼身体的过程其实也是一个训练身心的过程，因为这其中蕴含着坚持、忍耐、勇气等，如果我们能把身体的锻炼当成一项长期的活动，那么，我们的意志力也会在无形中得到提高。

自控小贴士

身体是革命的本钱，进行体育锻炼不仅有利于我们强身健体，更能磨炼我们的心智，让我们的体能、心智、精神在互动的过程中终将达到完美的平衡。

运动是排解心理压力的有效方法

现实生活中，许多人会面对工作、生活、学习等方方面面的压力，不良情绪常常不期而至。对此，有些人选择向他人发泄，有些人选择闷在心里，也有的人感到无所适从。殊不知，运动是排解压力的一种行之有效的好方法。

孙女士是一位医生。自年初医院对主任们实行末位淘汰制以来，心理压力很大，经常感到头昏脑涨、四肢乏力、心浮气躁，脾气也越来越不好。半年以后，她人瘦了不少，气色也不再红润，有人说她得了抑郁症。近几个月，同事们普遍反映：以前那个心浮气躁、总感觉不适的她摇身变成了稳重大度、耐心敬业的人。是什么让她放下压力、乐观地去工作与生活呢？孙女士说，是运动，自从每天练瑜伽、散步，她感到浑身有使不完的劲。

生活中，像孙女士一样存在心理问题的人并不少见。生活中的种种问题让他们情绪不佳，但却不知如何宣泄。其实，运动就是一个很好的方法。据统计，有50%的人一周中至少有一天会感到疲惫。

我国著名的地质学家李四光，在著名的伯明翰大学学习期间，正值第一次世界大战爆发。交战双方，为了重新瓜分世界，争夺殖民地，展开了生死大战。一时间，生活物资日益短缺，物价开始上涨，生活极度困难，许多留学生无法忍受，纷纷离开英国。但李四光硬是凭着顽强的毅力和从小养成的坚忍精神，节衣缩食，克服了种种困难，把学习坚持了下来。他常常利用假期，跑到矿山做临时工，赚钱维持生活，继续完成学业。

在这样艰难的时候，他乐观旷达、劳逸结合，偶尔在假日走进公园，看看名胜古迹，并利用业余时间学会了拉小提琴，成了终生的爱好。

的确，一个真正会学习的人不会打疲劳战，而是懂得通过身体锻炼来调节。不知你有没有这样的体验：当情绪低落时，参加一项自己喜欢又擅长的体育运动，可以很快地将不良情绪抛之脑后。这是因为体育运动可以缓解心理焦虑和紧张程度，分散对不愉快事件的注意力，将人从不良情绪中解放出来。另外，疲劳和疾病往往是导致人们情绪不良的重要原因，适量的体育运动可以消除疲劳，减少或避免各种疾病。

我们都会产生一些负面情绪，都有心情不好的时候，比如，我们会愤怒，此时，有人会通过摔东西来发泄，甚至在国外有这样的商业服务。人在摔东西时的体力活动可以缓解愤怒、不满和烦恼等负面情绪。

然而，摔打东西并不是单一的选择，我们还可以通过体力活动来缓解，体力活动时肌肉本身同样具有调节情绪的作用。心情不好的时候找个场地锻炼锻炼身体，身心都会获益。如能有朋友一起陪伴锻炼，调节情绪的效果会更好。

大脑掌管人类的情绪、认知和运动等功能的区域不同，一个区域兴奋，其他区域相对抑制。因此，体育锻炼可以使大脑中情绪过度兴奋的区域安静下来，不快的负面情绪逐渐缓解。

对大多数人来说，日常生活中，只要我们多参加运动，适当地调节自己的心情，就能获得快乐的心情、赶走不快的情绪。因为运动的效果是积极的，它可以激发人的积极的情感和思维，从而抵制内心的消极情绪。此外，运动时能促进大脑分泌一种化学物质——内啡肽。内啡肽可以帮助我们降低抑郁、焦虑、困惑以及其他消极情绪，通过改善体能，也能增强自我掌控感，重拾信心。

运动分成有氧运动和无氧运动两种，无氧运动一般都是短时间高强度的，对人的意义不大，弄不好还容易伤到自己。最好还是有氧运动，对人不但有锻炼身体的效果，而且还能调节情绪问题，有效地应对情绪失控。

然而，有人说，运动会出汗。运动当然是会出汗，这是毋庸置疑的，但除了汗水之外，我们收获的会更多，我们的身心会在汗水中得到释放。再者，并不是所有的运动都和人们想象的一样出很多汗，比如，游泳，夏天，最好的运动方式莫过于游泳。当然，无论哪种运动，出点汗都是好事，出汗之后，只要能迅速地补充体液补充矿物质，再加上一个热水澡，那么剩下的就是舒舒服服的感觉了。尤其是在经过一段时间的剧烈运动后，那些所谓的烦恼就都被抛到九霄云外去了，你会觉得身心畅快。科学研究表明，运动后人体内会产生一些类似于兴奋剂的物质，让人感到愉快。

当然，体育锻炼不是劳作，而是快乐地追求。运动时刺激大脑内类似于吗啡作用的物质分泌，所以人们运动后可以体验到一种享受的感觉。这是人体体育锻炼的内在推动力，不喜欢运动的人感觉运动是个负担，那是因为他们还没通过坚持体育锻炼调动起这种体验。

亲近大自然、新鲜空气和阳光，享受亲情、友情和团队的支持……很多与运动有关的外在因素推动锻炼的人们感受快乐。

安排体育锻炼的计划，就如同安排一个感受快乐的时间表，让运动的快乐如期而至，健康不会远离，生活中的种种美好也会陪伴在左右。

自控小贴士

体育锻炼作为一种健康、积极的生活方式在增强人民体质、提高人体健康水平中发挥着不可替代的作用。最为重要的是，健康的身体机能能起到调节心理的作用，因此，当你心烦意乱、心情压抑时，适度地运动可以带来好心情。虽然运动对于人排解不良情绪有益，但应该把握适当的度，否则会对大脑机能造成损害。并且，你要选择自己喜欢的运动，这样才能有恒心，持久地练下去。

别对自己的意志力提不现实的要求

我们知道，体育锻炼是一种健康的、积极的生活方式，它在提高人体的健康水平中发挥着不可替代的作用。研究证实，科学的运动健身可以促进人体生长发育，提高人体机能水平；缓解心理压力，保持心情舒畅；降低心血管病、糖尿病等慢性病的发生几率；延缓衰老过程，使人延年益寿。然而，我们的肌肉是有极限的，任何一个人，即使进行体育锻炼，本意都是为了强身健体、放松心情，如果过度，就会适得其反，让我们的身体受到损耗。

实际上，和我们的身体一样，我们的自控意识也是有底线和极限的。诚然，现代生活时刻需要自控，这会榨干你的意志力。我们只有一定量的意志力，一旦将它消耗殆尽，你在诱惑面前就会毫无防备之力，至少会处于下风。我们先来看下面的案例：

尹娜是一名大三的学生，她就要参加她所在城市的模特大赛，但令她苦恼的一点是，她虽然身高足够，但体重也同时严重超标。她知道，以她这样的身形，是不可能胜出的。报名那天，她看到那些身材纤瘦的女孩，她暗暗下决心，一定要在一个月内瘦掉20斤。

怎么减肥呢？她听说，只节食并不能起到作用，一定要运动，于是，她就去某健身会所办了会员卡。一下课，她就泡在健身房里，她决定每天要花8个小时运动。

刚开始的几天，尹娜浑身是劲，一想到自己未来可能成为一名名模，她可以不吃不喝地锻炼。看到她的锻炼模式，教练问她：“其实你没有必要这样，你会垮掉的。”

“没事，要瘦就必须要吃苦。”

看到尹娜这么坚持，教练也不好多说什么。后来，教练发现，尹娜面色枯黄，好像营养不良一样，原来尹娜不仅进行高强度锻炼，还不怎么吃饭。

果然，就在模特大赛开始的前一天，尹娜倒在了健身房，被其他会员送到了医院，她的模特梦破灭了。

这则案例中，尹娜虽然减肥心切，但却忽视了一个问题，人的身体是有一定承受能力的，即使进行体育锻炼，也要适可而止，为了减肥而进行超出身体极限的运动，只会让自己出现一些身体故障。

诚然，无论做任何事，我们都要有自控力，自控力就是人们为了适应环境、与人合作、维持关系，进而更好地生活而进化出来的人脑功能。意志力是一种抑制冲动的能力，它使我们成为了真正的人。但自控力和我们的身体一样，也是有极限的。事实上，那些冠军运动员、获得非凡成功的生意人以及诺贝尔奖科学家，他们都知道这个道理，他们不会对自己太过苛刻，他们允许自己偶尔偷偷懒，允许自己犯错误。虽然他们在为一些远大的目标而奋斗，但是他们也能够容忍有时不能达成这些目标时的挫折和失望。他们知道自己能够继续努力、改善工作。

然而，那些自控意识太强的人明明知道不可能做到所有的事情，不可能24小时工作或学习，他们常常对自己有不现实的要求，当无法实现这样的要求时，就会变得不知所措。失望之余，他们的意志力也会出现反弹，变得薄弱下来。

2006年2月27日，上海社会科学院亚健康研究中心举办的“过劳死”问题学术研讨会上，上海社科院社会学所助理研究员刘漪对最近发生的92个过劳死案例进行分析，发现近年来“过劳死”发病率直线上升、男性人群居多。科教、IT行业、公安和新闻行业“过劳死”人群的平均年龄已在44岁之下，成为重灾区。IT 行业“过劳死”的年龄最低，只有37.9岁。

IT行业凭什么摘得这顶“黑色桂冠”？IDC华东总监张明认为，这是由IT行业产品更新快决定的。“听见过作家有过劳死吗？很少——因为他们写一部作品，会有很长的时间酝酿，有充分的时间劳逸结合。”

如今，“亚健康”这个词早已出现在我们的生活里，很多人之所以会出现亚健康，我们不能否认存在这样一个原因：他们对自己要求过高，他们承受着超出他们身体能接受的工作和学习强度。亚健康是一种临界状态，处于亚健康状态的人，虽然没有明确的疾病，但却出现了精神活力和适应能力的下降，如果这种状态不能得到及时纠正，非常容易引起身心疾病。而亚健康，正在引起人们的重视。

再举个很简单的例子，有购物热情的那些人如果长期压抑自己的购物欲望，他们会进行偶尔一次的大扫货，甚至购买他们根本不需要的东西，这就是一种情绪失控。再比如，长时间抵抗甜食的诱惑会让人更想吃巧克力。

也许你会问，那么，我该如何解决这一问题呢？其实，这还是意志力的问题。如果你觉得自己没有时间和精力处理“我想要”做的事，就把他安排在你自控力最强的时候。如果你想彻底地改变旧习惯，最好先找简单的方式训练自己的自控力。自控力的疲惫感并不一定真实，“困难的事”和“不可能做到的事”是有区别的。只要你愿意，你就有意志。

事实上，很多你认为不需要意志力的事情，其实都要依靠这种有限的能量，甚至要消耗身体的能量。每当你试图对抗冲动的时候，无论是避免分散意志力、权衡不同的目标，还是让自己做些困难的事情，你都或多或少地使用了意志力，甚至很多微小的决定也是这样的。

自控小贴士

自控力就像肌肉一样有极限，它被使用后会渐渐疲惫。如果不让肌肉休息，就会完全失去力量，自控力也一样。为什么自控力和肌肉一样有极限？自控力会消耗能量，从早上到晚上逐渐减弱，和肌肉一样有极限，但坚持训练能增强自控力。

训练出运动员般的强健的心理素质

自古以来，一个人的心理素质优劣、心理健康与否都事关他在未来的人生路上是否能获得成功。在心理学上，心理素质属于意志品质的一个方面。它与意志品质的其他方面，如主动性、自制力、心理承受力等有一定的关系。一个人若心理素质较好，那么，他会把痛苦的感觉或某种情绪长时间地抑制住，不使其表现出来，心理素质好的人，跌倒了会再爬起来，这样力量也在一次次的跌倒和爬起中不断增长。这种心理素质，毋庸置疑，我们经常能在运动员的身上看到。如果我们也能和运动员一样坚持身体锻炼，那么，这不仅会提高我们的身体素质、放松自己的心情，还能训练自己的心理素质，对今后的人生道路也有很大的影响。

然而，我们经常看到的是，一些人会这样评价运动员："头脑简单、四肢发达。"这种说法完全是误解，很多优秀运动员的智商很高。只有少数人大脑的能力显示一种偏向发展的特点，多数人的能力互相之间是有所补充的。并且在训练身体的过程中，他们更是练就了一般人所没有的意志力。因为运动可以促进神经系统的发育，运动技能的学习也可以提高大脑的认知，有助于大脑的全面发展。著名棒球运动员杰克·沃特曼正是一个心理素质好的运动员。

"退伍后，我加入了职业球队，但不久，遭到有生以来最大的打击，我被开除了。我的动作无力，因此球队的经理有意要我走人。他对我说：'你这样慢吞吞的，哪像是在球场混了20多年。杰克，离开这里之后，无论你到哪里做任何事，若不提起精神来，你将永远不会有出路。’本来我的月薪是175美元，离开之后，我参加了亚特兰大球队，月薪减为25美元，薪水这么少，我做事当然没有热情，但我决心努力试一试。待了大约10天之后，一位名叫丁尼·密亭的老队员把我介绍到罗杰斯曼顿镇去。在罗杰斯曼顿镇的第一天，我的一生有了一个重大的转变。我想成为得克萨斯最具热情的球员，并且做到了。

我一上场，就好像全身带电一样。我强力地击出高球，使接球手的双手都麻木了。记得有一次，我以强烈的气势冲入三垒，那位三垒手吓呆了，球漏接了，我就击垒成功了。当时气温高达华氏100度，我在球场上奔来跑去，极有可能中暑而倒下去。

这种热情所带来的结果让我吃惊，我的球技出乎意料的好。同时，由于我的热情，其他队员也都兴奋起来。另外，我没有中暑，在比赛中和比赛后，我感到自己从来没有如此健康过。第二天早晨，我读报的时候异常兴奋。《得克萨斯时报》说：‘那位新加入的球员，无异是一个霹雳球手，全队的其他人受到他的影响，都充满了活力，他们不但赢了，而且是本赛季最精彩的一场比赛。’由于对工作和事业的热情，我的月薪由25美元提高到185美元，多了7倍。在后来的两年里，我一直担任三垒手，薪水加到当初的30倍之多。为什么呢？就是因为一股热情，没有别的原因。”

古人云：哀莫大于心死。一个人如果心理素质差，他就无法燃烧继续前进的热情，最终失败，而杰克·沃特曼之所以能创造出一个个奇迹，就是因为他拥有一颗强大的心，即使遭到打击，他依然充满热情。而他的这一心理素质，正是我们每个人应该学习的。

事实上，运动着实能增加我们的自信心。赢得比赛，战胜竞争对手，无疑增加了一个人对自己运动能力的肯定。坚持长期的体育锻炼，也是对自己运动能力的一种肯定。和别人比，你能做到；和自己的过去比，你还能做到。

通过体育锻炼，肯定自己的运动能力，这种肯定使人在面对其他挑战时，具有更强的自信心。

因此，如果我们能和运动员一样拥有运动的精神，那么，我们就能获得运动员般的心理素质。具体说来，我们需要做到以下几点：

一、坚持长期锻炼，持之以恒。

人类的任何一项活动，最经不起的就是半途而废，如果你是“三天打鱼，两天晒网”的人，那么，你不仅不会获得身体素质和心理素质的提高，你还会变得懒散起来。坚持锻炼是个培养自控力的过程，当你已经把运动当成一种生活习惯的时候，你会发现，面对生活中的很多琐事，你都能做到坦然接受了。

二、不断地突破自己。

著名撑竿运动员布勃卡有句名言：“纪录就是用来打破的。”多么狂妄而又激人心潮澎湃啊！他不断打破自己创造的纪录，不断突破人们心目中运动的极限。因为陶醉于突破人体力的极限，他没有高处不胜寒的孤寂，他忘记了身体上的劳累与痛苦，他才创造了一个又一个不可思议的纪录，突破了公认的体力界限。在挑战与突破的束缚过程之中，他自然也就有了非凡的撑杆成绩，有了别人无法比拟的超高水平。

三、看到你的身体极限。

你不是超人，你不可能在辛苦工作一天后再进行10个小时的长跑，因此，你最好给自己制订一个可行的、适度的锻炼计划，这个计划最好还是循序渐进的。

另外，如果你存在某方面的身体缺陷，也要加以考虑，比如，如果你曾经骨折，那么，你的运动量最好不要过大。

自控小贴士

卢梭曾说过：“身体虚弱，它将永远不会培养有活力的灵魂和智慧。”人类的任何活动都提倡劳逸结合。所谓“逸”，事实上，并不一定是要休息，我们在运动时，大脑中有关脑力活动的区域就处于“逸”的状态，并且休息效率更高，最为重要的是，在进行身体锻炼的活动中，我们的意志力得到了训练，我们的心理素质在无形中也会得到提高。

第06章

削减欲念，控制对金钱名利的欲望

两千年以前，老子说过：“五色令人目盲；五音使人耳聋；五味令人口爽；驰骋田猎，令人心发狂；难得之货，令人行妨。”自古以来，名利就像一个明星一般，让人们锲而不舍。生活中，有多少人在尚未成功时就已经深陷在金钱名利、声色犬马之中。成大事者，首要的就是要对金钱权力欲望有控制的能力。如果控制不住心中的欲望，一不小心深陷此地，那你定会后悔终生。在诱惑层出不穷的今天，我们更需要有一定的社会自控力，这样才能成就大事。

拜金心理会让你一步步沦为金钱的奴隶

人生在世，我们都有个共同的愿望，那就是追求幸福、美满的人生。但大多数人却认为，一个人幸福与否，是和拥有多少金钱相关联的，因为金钱可以买到很多物质类的东西，比如，吃穿住行可以通过金钱来改善。诚然，我们每个人都有追求金钱的权利，但一个人如果不控制自己对金钱的欲望，那么，就容易产生拜金心理。所谓拜金心理，顾名思义，就是崇拜金钱，指的是一个人什么事都向钱方面想，喜欢金钱以至于不顾一切而盲目，是一种极端。我们先来看下面的故事：

从前，有两个非常要好的朋友，他们经常一起干活，一起吃饭，人们都说他们情同手足。这天，他们来到房屋附近的一个树林中散步。

突然，从树林深处窜出一个和尚，和尚慌慌张张的，两人便问发生了什么事。谁知，和尚告诉他们，他在种植小树苗时，突然发现了所挖的坑中有一坛子黄金。

两人一听是黄金，顿时眼睛里生出了异样的光芒，说："这和尚也太愚蠢了吧，挖出了黄金应该高兴才是，怎么吓成这样子，真是太好笑了。"然后，他们问道："你是在哪里发现的，告诉我们吧，我们不害怕。"

和尚说："我看你们还是不要去，这东西会吃人的。"

两个人异口同声地说："我们不怕，你就告诉我们黄金在哪里吧。"

和尚无奈，只好告诉了他们黄金的位置。两人听完后，赶紧跑进树林深处。果然，在一个刚挖的坑中，有一坛子黄金。打开坛子，这两人被黄金反射出的光震到了，谁都想将其据为己有。“这会儿天还没完全黑下来，要是把黄金拿回去太不安全了，还是等天黑。这样吧，现在我留在这里看着，你先回去拿点饭菜来，我们在这里吃完饭，等半夜时再把黄金运回去。”

于是，另一个人便按照他的朋友的办法，回去取饭菜了。留下的这个人想：你若回来，我就将你一棒子打死，然后这些黄金都归我了。而回去取饭菜的那个人则是这样打算的——我回去先吃饭，然后在他的饭里下些毒药。他一死，黄金不就归我了吗？

于是，接下来的一幕发生了：回去的人提着饭菜刚到树林里，就被另一个人从背后用木棒狠狠地打了一下，当场毙命了。然后，那个人看到朋友带来的饭菜，已经饥肠辘辘的他赶紧吃起来，谁知道，吃了几口，就肚子疼，这才知道自己中毒了。临死前，他想起了僧人的话：“和尚的话真是应验了，我当初怎么就没有明白呢？”

这个故事警醒世人，对于钱财的贪念会把人带向罪恶的深渊，让人失去理智。它可以使人相互摧残，甚至使最好的朋友都能反目成仇。当生命不存在的情况下，聚敛巨额的财富又有何用呢？

求知上进、有所追求是一件好事，但让欲望占据了内心，便给人生的悲剧拉开了序幕。尼采说，人最终喜爱的是自己的欲望，不是自己想要的东西！能够控制欲望而不被欲望征服的人，无疑是个智者。被欲望控制的人，在失去理智的同时，往往会葬送自己。难道有钱花就是幸福吗？其实不然，钱财是生不带来死不带去的东西，一个人一生真正需要的物质财富是有限的，一味地拜金，你最终会坠入深渊。

贪字头上一把刀，一旦人的内心被贪欲所吞蚀，那他必将被其毒害……人生如同一条河流，有其源头，有其流程，当然也有其终点，而不管流程有多长，有多短，终究都会到达终点，流入海洋。那么，在我们活着的时候，有什么欲望是一定非要满足不可的呢？实际上，我们每天需要的不过是三餐一宿，我们需要的物质财富也不过如此，那既然如此，为什么又要追逐那些身外之财呢？我们再来看下面的小故事：

一天，一只鸡啄来啄去满地寻找食物，它要给自己和自己的孩子寻找可以填饱肚子的东西。突然间，它从一堆废弃的树叶中发现了一颗珍珠，它惋惜地说："如果你的主人找到了你，他会非常高兴地把你捡起来，把你当成宝贵的财富，可我要寻找的是米粒，而不是你，对于我来说，你毫无用处，一文不值啊！世界上所有的珍珠，都不如一颗米粒对我有吸引力。"

又一天，一只精明的猎狗在森林里寻找主人打下来的猎物，在偶然间看到了一袋黄金。它跑上前去嗅一嗅，懊丧地说："哎，我还以为找到了主人打下来的猎物呢！不过，我相信主人肯定会非常喜欢，说不定他一高兴就每天赏赐我几根骨头呢！"猎狗这样想着，叼起那个口袋跑到主人身边。

"你真是太伟大了！我要用其中的一块黄金给你配一身最好的行头！"主人抚摸着猎狗说。

猎狗连忙恳求道："不，如果您不介意的话，我想每顿享用几根骨头。"笑逐颜开的主人爽快地答应了，猎狗从此每天都可以吃到骨头。

这个小故事告诉生活中的人们：幸福不是获得更多的财富，而是得到最适合自己的东西。幸福是可以选择的，我们在选择之前，首先要弄明白自己的内心真正需要的是什么，得到你所需要的，你就能获得简单的幸福。

生活中，绝大多数人为了生存而拼命地工作。但有些人却能轻易地或者不择手段地得到所谓的幸福——钱财，这样的幸福不敢苟同。比如，有的贪官聚敛钱财，不择手段，腰包愈来愈鼓，胆子愈来愈大。这种人觉得钞票越多越幸福，幸福的已经麻木了。直到走上被告席，才知道拿自己的生命和前途换来的幸福一文不值，后悔晚矣。

君子爱财应该是取之有道，用之有度。因此，千万不要为了几个小钱而去偷盗，千万别为了积累财富而伤天害理。

总之，一个人的人生坐标定在什么位置，就有什么样的幸福。最大的幸福莫过于好好地活着，珍惜今天，珍惜当下。人生在世，会经历许多事情，坎坎坷坷，酸甜苦辣，人皆有之。一帆风顺，只是祝福语，一种愿望。其实，幸福就在我们身边，是要寻找和创造的。遵守法律和道德的幸福，要好好珍惜。反之，离得越远越好。

自控小贴士

人是一个欲望和需求不断膨胀的高级动物，也正是由于不断增长的渴望，才使得一个人不断成长。在满足需求和追求的过程中，如果一个人的眼里只有钱，那么，他最终会成为金钱的奴隶！

失去对金钱的控制能力会让你万劫不复

在我们的生活中，放眼所及，我们周围有很多人通过经商、做生意成功地获得了财富，他们比其他人生活得更富足，这令我们羡慕不已，于是一些人为了获得财富，失去了原有的价值观的判断，甚至心生歹念，从而造成在社会当中的不安气氛。有道是“君子爱财，取之有道”，追求利润并非罪恶。但是，方法必须是符合人道的，并不是不管干什么，只要能赚钱就行，为了获取利润，必须走正确的道路。牟利之心是经商或其他人类活动的原动力。所以，任何人都可以有赚钱的“欲望”。但是，无论如何，对于金钱，我们一定要有自控力，绝不能让自己成为财富的奴隶。

的确，生活中，任何人都要生存，于是，他们因地因时制宜，千方百计地去挣钱。有的出卖自己的劳动力，有的出卖自己的知识，有的出卖自己的智慧，有的出卖自己掌握的信息。“人穷志短”，“一分钱难倒英雄汉”。然而，金钱，只有在消费它的时候，才能体现它的价值，放在家中，只是一堆废纸，甚至比废纸更让我们劳心费力，存在银行，只是一个数字，并不比一个普通数字更能带来乐趣。当我们过分地看重金钱时，金钱就失去了它原本的使用价值。

在清代民间，人们常说，“和珅跌倒，嘉庆吃饱”。和珅之所以为千夫所指，走上万劫不复之路，可以说，就是因为他失去了对金钱的控制能力。

和珅为官之初，他的理想是报效国家，他的政绩也很多，比如，与朝中的清官一起打击福康安、福长安等贪污官员，26岁的他就已经开始就任管库大臣，管理布库。这些工作经验让他接触了如何管理钱财，这期间，他一直清正廉明。在他任职的这些年，布的存量大增，他凭借这些才干，令他得到乾隆的赏识。

乾隆四十年，和珅升为擢为乾清门御前侍卫，兼副都统。乾隆十一月再升为御前侍卫，并授正蓝旗副都统。乾隆四十一年正月，授户部侍郎，三月授军机大臣，四月，授总管内务府大臣。两年间，和珅清廉为官，勤奋好学，成为一位有为的青年。

和珅开始走向贪污的转折点在总督李侍尧涉嫌贪污一案。李侍尧案审结后，李侍尧被判斩监候，而他和他的财产，居然被和珅私吞，加上乾隆的赏赐，和珅终于初尝掌握大权大财的滋味。

后来，和珅的长子丰绅殷德，被乾隆指为十公主的额驸，领受乾隆赏赐黄金、古董等，百官争相巴结。

刚开始，和珅并没有想着贿赂，但时间一长，他经受不住诱惑，开始贪污起来，他广结党羽，形成一股大势力，更培植了犯罪集团用以迫害政敌、地方势力和人民。俨然成了一个金字塔式的大贪污集团，和珅就立在金字塔的顶端。

嘉庆登基后，曾列出和珅二十条罪状。和珅后被嘉庆皇帝赐死。

乾隆年间，和珅被皇上宠信之极，官阶之高，管事之广，兼职之多，权势之大，清朝罕有。但这一切都是过眼云烟，损害了人民的利益，欺上瞒下，最终落得个狱中自尽并遗臭万年的凄惨结局。我们不难发现，为官之初的和珅原本是个清廉之人，但李侍尧案后，他尝到了金钱的滋味，才一失足，形成了错误的人生态度，最终成千古恨。

马克思说资本家对利润的追求是贪得无厌，其实，不仅仅是资本家，我们每个人都有追求财富的动机，因为我们的生存需要物质，这无可厚非，但却有人过了头，把对金钱的追求当成了最终并唯一的目的。因此，我们一定要谨记：君子爱财，取之有道。你多赚来的钱都是他人的，那么，以正道赚取，人们才会信任你，否则，你就只能是自掘坟墓。

的确，我们每个人都渴望能够成功、拥有更多的财富。可当这一切都实现的时候，你真的快乐了吗？新华都集团总裁兼CEO唐骏曾对成功标准、幸福指数等内容进行了阐述。唐骏表示，如果把所有的人生目标都放在财富上面，纯粹是为了“金钱”两个字，这样的人生并不精彩。唐骏认为，并不是财富拥有得多，幸福指数就变高，财富不等于快乐。那么，什么是成功？你拥有了财富、拥有了地位、拥有了大家的尊重，算不算成功？当然这些是成功的标志，但如果你还想做一个快乐的人，就必须懂得舍得的智慧，看淡财富，甚至舍得金钱，你才会真正获得快乐。

的确，“家有黄金万两，每日不过三顿；纵有大厦千座，每晚只占一间”。我们每个人对于物质财富的需要都是一定的，如果我们看轻金钱，那么，我们就能放下很多苦恼。最为重要的是，在学会自控之后，我们的人生境界必定得到提高，人生必甚畅意。

自控小贴士

“君子爱财，取之有道。”什么是“道”？就是一种正确的金钱观，一个人学会控制自己对物质财富的欲望，也就有了安身立命的基础、生活的原则。所以，无论是富贵还是贫贱，无论是仓促之间还是颠沛流离之时，都绝不能违背这个基础和原则，都不能成为金钱的奴隶。

名利是把双刃剑，学会控制你的欲望

自古以来，名利就像一个明星一般，有数不清的追随者，可以说，当今世人没有谁能回避得了名利二字！只不过有的人名小，有的人名大；有的人利少，有的人利多。有的人为了出大名获大利，追求了一生一世。也许人们觉得，只有获得了名利，才会感觉到快乐，但果真如此吗？答案是否定的，适度地追求名利是可取的，但如果你放任自己对名利的欲望，使之超出理智的话，那么，就会迷失自我，甚至葬送生命。

的确，名利是一把双刃剑，关键要看我们怎么掌握，掌握好了，我们会一路光明，风光无限好。而掌握不好，也可令智昏，损人亦损己。因此，没有名利，我们也不可太过焦躁；有了名利，应当加倍珍惜。如果过分得看重它，往往就会为其所累，以致身疲力竭，得不偿失。毕竟人活着不是为了名利，而是为了人生的幸福和快乐。

吴起是战国时代的名将，谋略超人，但同时他也痴迷于名利。为了求名，他不择手段。曾经，为了赢得鲁国的信任，他竟然杀了与自己共患难、携带大量金银珠宝与自己私奔的妻子，就因为他的妻子是鲁国的敌国——齐国人。事后，他终于成名，但不幸的是，他却总遭小人暗算，跌下神坛，三起三落。因求名而得名，他做到了；然而，盛名之下，其实难副，因名丧命，他最终失败了。

然而，现代社会，类似于吴起一般的人并不少见。诚然，社会竞争之激烈要求我们做到不断地充实自己，否则，将会被社会淘汰，但如果一味地以追名逐利为目的，那么，在不断地追逐中，我们终将会失去自我而成为名利的奴隶。因此，我们需要常常自省，检查自己的行为与思想是否偏离了人生轨道。

的确，人生在世，我们追求的终极目标是幸福，而幸福说到底就是一种感觉，也就是说，幸福的关键在于你是否觉得自己幸福。然而，我们似乎忽略了这一点，我们把自己的幸福与否建立在别人对我们的评判上，甚至一直在追逐那些虚无缥缈的、自己并不需要的东西，你真的幸福吗？

曾经，有个成功人士，和很多追求成功的人一样，也经历了很多坎坷。

十几岁时，他给人打工、干体力活。每天，他清早就起床，夜晚凌晨以后才睡觉，他没有朋友，只是努力地干活。那时候，他想，要是能拥有自己的一家店面就好了。

几年后，他有了一点积蓄，于是，他用这钱盘下了一间店，做起了生意。那时候，虽然忙点，但生意还是不错的。他没有闲钱雇佣伙计，他什么都自己亲自动手，他心想，过几年，等生意做大了再休息吧。

又过了几年，他凭借自己的努力，生意越来越好了，店也开得越来越多，每天的资金流动量很大，他更不放心把生意交给别人打理了，还是自己苦拼，联系货源，接待客户，管理账目……没黑没白，忙得如有狼在后面追一般。看他真的好辛苦，有人就劝他：“你放一放可以吗？好好地休息一天，看看世界会不会大变！”

他回答：“那怎么行，我若不做，别人就会抢走我的生意，前面的那些大户们我会追不上，后面的一些中小户又逼上来，放一放，我会落在后面的。”

终于有一天，他累倒了，他被迫躺在病床上不能动了，他的生活里突然少了工作，少了生意，他终于有时间好好地想想自己的人生了。

一天，他亲眼看见一个病友被抬进病房，但再也没回来。“那是个多么年轻的小伙子啊！”他感叹道。

那张已经空了的病床，让他感慨颇多，他突然明白了一个道理：

人由生到死其实只是一步的事，人生苦短，何苦让自己过得这么辛苦呢？一直以来，自己的名利心太重，想要的太多，然而真正得到的却很少。

如果不是这次病倒，他会一直拼到五十岁、六十岁，甚至更久。没有娱乐，没有休息，最后两手空空地离开这个世界，这是一件多么可悲的事啊！

出院后，他好像换了一个人似的，生意还在做，只是他交给别人打理了，即使那人有了失误，他也不大在意，人们还经常在高尔夫球场上看到他，有时他也慷慨地与他的家人坐飞机到外地旅游。

他终于懂得了生活的意义，终于找到了所谓的放下——这颗人生中最宝贵的钻石。

其实，我们自打出生起，就一直在孜孜不倦地追求一样东西，那就是快乐，无论是追求财富、名利、地位等，都是为了获得快乐。可悲的是，现实生活中的一些人，总是不安于现状的，他们并不是被那些“一日一鱼”所诱惑到，而是总有无止境的追求，于是，便在这所谓的追逐中失去了原本快乐的自我。

生命如此脆弱，人生苦短，除了名利外，我们还有很多值得追求的东西，如健康、幸福等，和案例中的企业家一样，只有及早地幡然悔悟，才能收获一份最本真的快乐。如果一辈子为名利奔波而不知疲倦，那么，到头来，也只能与“气”入土。

当然，我们所说的淡泊名利，并不是说完全“出于世”、“与世隔绝”，完全地不要名利，而是希望人们把名利看得清淡一些，千万不要斤斤计较、患得患失；要让人们本分一些，不要浮躁难耐、寝食难安。

自控小贴士

名利是一把双刃剑，它能督促我们不断努力，但如果盲目地追求名利，不控制自己的欲望，那么，我们只会为名利所累。实际上，人生本就是一场梦，须臾即逝，因此，大可不必整日忙着追逐功名利禄，金钱、物质等都是带不走的虚无缥缈的东西，只有快乐才是我们应该追求的终极目标。

欲望无止境，别在此沉沦

“贪者，恶之大也。”“祸莫大于不知足。”“非智之不足，非技之不胜，利令智昏，贪婪之心，才是天下祸机之所伏。”贪婪是人性的一大弱点。一般而言，贪婪心理的形成主要有以下几个方面：错误的价值观念。认为社会是为自己而存在，天下之物皆为自己所拥有。这种人存在极端的个人主义思想，是永远不会满足的。他们会得陇望蜀，有了票子，想房子，有了房子，想位子，从不会满足。于是，他们陷入了无止境的欲望之中，一旦自己的欲望满足不了，就开始产生焦虑情绪，又有何快乐可言呢?

人们常说：“欲壑难填。”的确，尤其对物质欲望、富贵荣耀、名利的追求，更是无穷无尽，而这，很可能会让我们迷失自己。只有保持一颗平常心，拿捏好分寸，才能得之淡然、失之坦然，才能合理地节制自己的欲望!

《论语别裁》中说：“有求皆苦，无欲则刚。”其实，欲是人的一种生理本能，每个人都有形形色色的“欲”，有时候，合理的欲望是人们生存的原动力。不过，凡事都不可过度。假如对欲望不加以合理地控制，人们就会有越来越多的贪念，最终导致欲壑难填。在生活中，越来越多的贪求欲者被物欲、财欲、权欲等迷住心窍，攫求无度，终至纵欲成灾。然而，一个人活着就无法摆脱各种各样的欲望，只要有欲望，就会有所求，而有所求又必然导致人们与痛苦纠缠。有这样一个故事：

从前，有一户人家，弟兄三人。

老大是个笨蛋，村里人认为他是个智力不健全的人。如今，他已经是个四十好几的人了，还没娶妻生子，一个人住在一间破茅屋里，连一件像样的衣服都没有。有人问他："你最大的心愿是什么？"他情不自禁地脱口而出："天天有新衣穿。"

老二，则是小康之家，衣食无忧，但不知道为什么，他偏偏长相难看，结果，他只能娶一个很难看的妻子。所以，当问到他的心愿时，他就迫不及待地说："天天娶美妻。"

而老三是个聪明人，会做生意，现在的他已经是富甲一方的主了，当人们问他有什么心愿时，他却毫不顾忌地说："挖一窖金。"……

这是个故事，但从中可以深刻地看出人的贪婪之心。"人心不足蛇吞象"，多么贴切的比喻。贪婪之心，就像一个恶魔，一旦附身，就会让人迷失自己。仔细再想，其实我们每个人又何尝不是如此呢？读完这个故事，我们应该好好地反思一下了。如果我们能舍弃这些无止境的欲望，想想自己到底需要什么，我们是不是会收获更多呢？

其实，不管你是在温室中成长，还是在困苦中挣扎，欲望都会存在于你的心中，欲望可以成为我们的信念，支撑我们渡过难关，但是欲望也像鸦片，容易上瘾。皮埃尔·布尔古说过："人们常常听到这样一句话：'是欲望毁了他。'然而，这往往是错误的。并不是欲望毁了人，而是无能、懒惰，或糊涂。"

然而，现代社会中的人们，关于欲望，拿起来容易，舍下却很难。生活在商品经济的大潮里，每个人都要面对物欲横流的红尘世界的诱惑，那些纷纷扰扰的现实，时刻都在迷惑着眼球，欲望追求加快了人们前进的脚步，总觉得不远处的鲜花和掌声正在向我们招手。其实，舍弃这些无止境的欲望也并非难事，只要我们学会关注眼前的幸福，体会人生，去欣赏生活中点滴的美好，我们的心境自然会豁然开朗。可见，有时，我们要懂得享受过程，真正让我们得到满足的也是过程，人的一生也是如此，最美的不是结果，而是人生的旅途。

其实，陷入诱惑的泥潭，源于内心的欲望。欲望就像毒品，是会上瘾的，当你一次满足了之后，就会不断地想要更多的欲望，那根本就是一个无法填满的无底洞，于是，你越来越难以抵御外面世界的诱惑。最后，人被欲望所控制着，甚至，成了欲望的奴隶，并最终被那些诱惑所吞噬。所以，我们应该记住：想成大事，必先克制内心的欲望，学会抵御外面世界的种种诱惑。

人不能改变过去，也不能控制将来，人能控制改变的只是此时此刻的心念、语言和行为。过去和未来的东西都虚无缥缈，只有当下才是真实的。因此，一个人的生命不管能否长久，生命过程应该是丰富多彩的，无论人的生命长久与短暂，人生的道路应该是宽阔有风景的，享受过程应该是愉快幸福的。

一个已经退休的富翁在海边买了一套房子，以安享晚年。这天，晚饭后，他在海边散步，看见一个衣衫褴褛的渔翁也躺在附近悠闲地晒太阳，便好奇地问道："你为什么不打鱼呢？"

"为什么要打鱼呢？"渔夫反问道。

"挣钱买大渔船啊！"

"再以后呢？"

"买了渔船就可以打很多的鱼，然后你就有钱了。"

"有钱了又能怎么样呢？"

"你就不用打鱼了，可以幸福自在地晒太阳啦！"

"我不正在晒太阳吗？"富翁哑口无言。

是啊，有时候我们苦苦追求的所谓的幸福与快乐，其实就在眼前，那又为什么不知足呢？我们中的很多人，也许经过多年的打拼和艰苦的奋斗，会有所成就，难道一生就如此忙碌地拼搏到死吗？其实，享受真正的人生之旅比直到那旅程结束时还没有感受到快乐重要得多。

其实，要想控制自己对名利的欲望，我们就需要修炼自己的心情，使自己淡泊从容。但是，淡泊是一种很高的人生境界，淡泊是一种品质，一种德行，一种修养，值得你用自己的一生去追寻。当然，所谓的淡泊并不是指无欲无求。众所周知，人生就是由一个个欲望组成的，合理的欲望是人生的原动力。所以，淡泊指的是正确地取舍，属于我的，当仁不让，不属于我的，千金难动其心，这才是真正的淡泊。

自控小贴士

生命过程不可能重新来过，因此，我们必须珍惜这仅有的一次生命。面对名利，我们必须要学会自控，充实自己的内心，坚守自己的心灵，以清醒理智的态度步履从容地走过人生的岁月。只有这样，我们的生活才会更加轻松自在，我们的人生才会丰富多彩，豁然开朗！

坚守原则，对于名利诱惑要有必备的“防卫心”

我们知道，人的欲望是无限的，但作为一个身心健康的人，一般都能控制自己的欲望，而被欲望控制的人将没有幸福感、虚荣。生活中的每一个人，都应该明白一个道理，知上进、有所追求是一件好事，但让欲望占据了内心，便给人生的悲剧拉开了序幕。很多时候，假如我们过于在乎名利，就很容易使自己随波逐流，无法坚守自己的原则，甚至迷失人生的方向。邹韬奋曾经说过：“一个人光溜溜地到这个世界上来，最后光溜溜地离开这个世界，最终醒悟，名利是身外之物，只有尽一个人的心力，使社会上的人多得他工作的裨益，才是人生最愉快的事。”大千世界，五彩斑斓，充溢着形形色色的让人们难以抵制的名利诱惑，我们只有拥有一颗“防卫心”，才能坚持自我，才能拥有达观的人生态度、淡然的处事风格。

2002年获诺贝尔和平奖的美国前总统吉米·卡特入主白宫前，当过海军军官、农场主和佐治亚州州长。执政时尽管他的决策并不完全尽如人意，但是，他的个人品格和工作作风还是赢得了美国人民的广泛赞誉。

吉米·卡特在读中学的时候，班主任朱莉娅·科尔曼小姐关爱她班上的每一个学生。她告诉他们：“我们应该随着时代的变迁而调整自我，但是我们信守的原则是不变的。”朱莉娅小姐当年所要告诉学生们的是，我们应该时时地分析新情况，然而无论是在选择相守终身的伴侣还是在艰难时刻、考验时刻或是遇到诱惑须做出困难的决定时，我们不仅要适应这些新的挑战，还应该坚守我们所学到的某些原则，例如，公平、正直、忠诚等。

长大以后，吉米·卡特对朱莉娅小姐的话有了更深的理解，并始终坚守从朱莉娅小姐那里所学到的基本原则。在总统就职演说中，他引用了朱莉娅小姐的话：“随着时代的变迁而调整自我，但信守不变的原则。无论我们面临多么大的困难，我都决心让我自己和美国人民信守真正的正义与真理的信仰。”

吉米·卡特总统善于反躬自省，总是乐于面对自己的缺点，并设法自我改正。吉米·卡特十分勤奋而又能自律，同时坚信积极思考的力量。“他是个最守纪律的人”，吉米·卡特的朋友们众口一词地这样评论他。

吉米·卡特对那些没有尽最大努力的人常常不能容忍。在他任州长时，有一次，他因公和一位佐治亚州的专员同机外出。早晨7点钟，吉米·卡特已经在飞机上等候了，只见那位专员正匆匆忙忙地在亚特兰大航空站的跑道上奔跑而来。这时飞机正好滑行到跑道上，卡特虽然看到了那个人，还是命令驾驶员准时起飞。“他不能按时到达这里，这实在太遗憾了。”他厉声地说。

他一直是像在就职演说中宣称的那样去做的：“我们知道‘多些’未必就是‘好些’；即使我们这个伟大的国家也有其公认的局限性；我们既不能回答所有的问题，也不能解决所有的问题……总起来说，我们必须为了共同的利益而牺牲个人的精神，去尽我们最大的努力把事情做好。”

吉米·卡特之所以能得到美国人民的好评，获得如此至高的荣誉，就是因为他一直记得当年朱莉娅小姐的那句话：“随着时代的变迁而调整自我，但信守不变的原则。无论我们面临多么大的困难，我都决心让我自己和美国人民信守真正的正义与真理的信仰。”正是这样的信仰，才使他能够做到坚持遵守纪律，坚持自己的原则，并努力做到最好。

曾经有人说：“生命是一团欲望。”对于某些人来说，欲望不能满足便痛苦，满足便无聊，人生就是在痛苦和无聊之间摇摆。这样的人生无疑是可悲的。因此，我们必须认识到，欲望是思想的热病，它不能使我们变得坚强，而只能使我们愈发衰弱。试问有几人能够做到清心寡欲，静心修身？有求皆苦，无欲则刚，是一种修养、一种人格，更是一种理想的人生状态。作为凡夫俗子，我们很难真正地达到如此超然豁达的境界，但是，我们可以追求一种与之相近的境界。所谓无欲，在现实社会中，并非指纯粹意义上的四大皆空、六根清净，而是要求我们应该严于律己，控制自己的邪恶私欲，禁制它们滋生膨胀。每个人的内心世界都是各不相同的，因而世界也处于万千变化之中。要想让自己的内心恢复清静，就要减少自己的欲望，只有这样，才能以平常心处世，才能用平静的心情面对纷呈复杂的生活，才能以平和的心理面对世态的炎凉，才能以安静的心态应对嘈杂的大千世界。

过度地追求财富应该适可而止了。不应把国家和个人的目标放在追求物质上的富有，精神富有才是“知足”的生活方式。精神富有的一个重要来源便是利他，这样的思维方式和生活态度是我们每个人应该具备的。

自控小贴士

我们都是平凡的人，我们并不能做到真正地摒弃功利，甚至连哲学家们自己似乎也极不愿意摈弃人性这一弱点，但功名欲是人类的一种不合情理的欲望，我们若想获得快乐，就必须具备一点“防卫心”，只要经常修剪自己的欲望，少点欲求，就会少一分焦虑！

第07章

战胜拖延，拖延与惰性相伴相生

我们的生活中，有一些有拖延心理的人，他们总是喜欢把今天的事留到明天，但“明日复明日，明日何其多”，即使再完美的计划、再伟大的梦想，如果没有你的行动，那么，它都是一个空想而已。俗话说：“今日事，今日毕，留到明天更着急。”拖延者往往有很大的精神负担——事情未能及时完成，却都堆在心上，既不去做，又不敢忘，实在比多做事情更加受罪。因此，我们要力戒拖延，立即行动。

你的热情正在被拖延症慢慢磨灭

我们知道，成功人士的优秀品质有很多，而做事绝不拖延肯定是其中最重要的品质之一。我们生活中的每个人，要想实现自己的梦想，就必须养成立即执行、拒绝拖延的习惯，因为拖延症会逐渐消灭你内心的烛火。

我们知道，任何伟大的理想不经过实践和行动的证明，都将是空想。说一尺不如行一寸，也只有行动才能缩短自己与目标之间的距离，只有行动才能把理想变为现实。成功的人都把少说话、多做事奉为行动的准则，通过脚踏实地的行动，达成内心的愿望。无论是谁，纵使满腔热血和理想，如果不行动的话，都将与成功无缘。年轻的你如果不行动而任凭时间消逝的话，恐怕只能叹“逝者如斯夫，不舍昼夜”，并将一事无成！

相信这成功一跃之后的兴奋之情是无法言喻的。行动只有产生了信心，才会拥有一切。立即行动，而不是寻找任何借口逃避，这样的人才能最终赢得胜利女神的垂青。洛克菲勒曾说：“不要等待奇迹发生才开始实践你的梦想。今天就开始行动！”行动就是执行力，也就是，当你树立了一个理想后，就要立即执行，不要恐惧，不要拖延，否则，成功的机遇就可能在瞬间流失。生活中，那些成功人士都有个共同特点，那就是敢作敢为，而非迟疑不定。乐安居董事长张庆杰就以700元起家成为亿万富翁。

张庆杰小学读完后就辍学了，他不得不赚钱补贴家用。刚开始，他靠卖水果营生。

1987年，张庆杰产生了要出去闯荡的念头。于是，他带着700元钱到深圳淘金。来到深圳，人生地不熟的他仍然卖水果。他骑3个小时单车到深圳南头批发香蕉，再到人民桥小商品市场去卖，就这样，他一天能挣几块钱。

在卖水果的过程中，他也留意周围一些人做生意的门道。一次，他从老乡那里听说，深圳有很多村民到香港种菜，每天都会捎回一些味精、无花果等。这些东西利大又好卖，张庆杰感到这是个赚钱的门路。于是，他开始做起了收购无花果、衣服、袜子的生意。这些东西收购之后，再拿到市场去卖。由于价格合理，张庆杰买回的东西不到一小时就卖完了，生意也不错，后来，他将这项生意做大：他把东西一脱手，就马上再去收购，然后再卖……1987年，他赚到了16000元。有了这笔钱，他开始摆地摊。后来，他经营过服装，又从服装业转向珠宝，事业才开始了大发展。

可能很多男孩会问，用700元能做什么？这个问题也只有在实践和行动中才能找到答案，张庆杰也是这样做的，他从自己最熟悉的水果生意做起，艰苦奋斗，积累资金，寻找机会。

张庆杰的做法值得我们借鉴。在行动开始之前，不要想得太多，成功的道路是闯出来的，不是设计出来的，你只需要带着一颗努力的心上路就可以了。最有价值的思想是在实践中产生的，不是在开始行动之前产生的，在行动的过程中要勤于思考，勤于寻找机会，果断地把自己的思想变成行动。同样，在生活中，当我们拥有一个理想或计划后，就要果断地执行，不要给自己太多的借口左思右想而延误行动。

事实上，生活中，每个人都有懒惰的心理，这是人类的天性。只是有些人能克服自己的惰性，并能以勤奋代之，最终取得成功；而有些人则任由懒惰这条又粗又长的枯藤来缠着自己，阻挡自己前进。

绝不拖延首先是一个态度问题，只要你坚持采用这种态度，久而久之就会形成一种习惯。最后，这种习惯会融入你的生命，成为你展现个人魅力的优秀品质。正如持续改善的正面力量一样，拖延的反面力量同样强大。每天进步一点点，持之以恒，水滴石穿，你也必将能成就自我。而每天拖延一点点，你的惰性就会越来越大，长久下去，你将跌入万劫不复的深渊。

曾经有一个关于寒号鸟的传说：

这种鸟很特别，它长着四只脚，两只光秃秃的肉翅膀，不会像一般的鸟那样拥有轻盈的翅膀，不会在天空飞行。其实，寒号鸟原本不是这样的。

很久以前的一个夏天，寒号鸟比其他的鸟类更漂亮，它全身长满了洁白的、美丽的羽毛，因此，它很骄傲，认为自己已经是最漂亮的鸟了，甚至不把鸟类之王——凤凰放在眼里。它每天也不干活，只是炫耀自己的美貌。

很快，秋天来了，所有的鸟类各自忙开了，有的开始飞向南方避寒，也有的在准备过冬的食物。只有寒号鸟，既没有飞到南方去的本领，又不愿意辛勤劳动，仍然是整日东游西荡的，还在一个劲地到处炫耀自己身上漂亮的羽毛。

一眨眼，冬天终于来了，大雪纷飞，所有的鸟类都躲起来过冬了，但寒号鸟却饥寒难耐，而且它身上的美丽的羽毛也都掉光了，它更冷了，只有躲在石缝中避寒，它不停地叫着："好冷啊，好冷啊，等到天亮了就造个窝啊！"等到天亮后，太阳出来了，温暖的阳光一照，寒号鸟又忘记了夜晚的寒冷，于是它又不停地唱着："得过且过！得过且过！太阳下面暖和！太阳下面暖和！"

于是，整个冬天，寒号鸟就这样凄惨地过着。等到春天来的时候，其他鸟类飞来石缝旁边时，寒号鸟已经冻死了。

这个寓言故事同样说明了拖延就是对我们宝贵生命的一种无端浪费。鲁迅说过："伟大的事业同辛勤的劳动成正比，有一分劳动就有一分收获，日积月累，从少到多，奇迹就会出现。"勤奋源于执着，永不放弃，永不松懈。假如你渴望成功，那就抓住今天，立即行动！清朝人文嘉也曾写过《今日歌》：“今日复今日，今日何其少，今日又不为，此事何时了？人生百年几今日，今日不为真可惜！若言姑待明朝至，明朝还有明朝事。为君聊赋《今日诗》，努力请从今日始。”人生中没有比今天更重要的日子，生活在今天，做好今天的事，抓住现在，每天进步1%，你就离成功进了一步。

自控小贴士

拖延是一种习惯，立即行动也是一种习惯，不好的习惯一定要用好的习惯来代替。如果拖延的事情迟早要做，为什么要等一下再做？也许等一下就会付出更大的代价。那么，请写下来，有哪些事情是你最喜欢拖延的，现在就要下决心将它改变。不管你现在要做什么事，请你不要拖延，立即行动。这样就能变被动为主动，抓住机会，把事情做得更好。

拒绝借口，借口是拖延的尾巴

生活中，每个人都有懒惰的心理，这是人类的天性。只是有些人能克服自己的惰性，并能以勤奋代之，最终取得成功；而有些人则任由懒惰这条又粗又长的枯藤来缠着自己，阻挡着自己前进。前者就是那些有自控能力的人。从古至今，我们发现，任何一个能做到99%勤奋的人最终都会取得成功。李嘉诚就是最好的例子。

有位记者曾问亚洲首富李嘉诚："李先生，您成功靠什么？"李嘉诚毫不犹豫地回答："靠学习，不断地学习。"不断地学习知识，是李嘉诚成功的奥秘！

李嘉诚勤于自学，在任何情况下都不忘记读书。青年时打工期间，他坚持"抢学"；创业期间坚持"抢学"；经营自己的"商业王国"期间，仍孜孜不倦地学习。李嘉诚一天工作十多个小时，仍然坚持学英语。早在办塑料厂时就专门聘请一位私人教师每天早晨7：30分上课，上完课再去上班，天天如此。当年，懂英文的华人在香港社会是"稀有动物"。懂得英文，使李嘉诚可以直接飞往英美，参加各种展销会，谈生意可直接与外籍投资顾问、银行的高层打交道。如今，李嘉诚已年逾古稀，仍爱书如命，坚持不断地读书学习。

一个人不可能随随便便成功，李嘉诚向每个渴望成功的人展示了这个道理。我们都可惊羡于李嘉诚式的成功，但却做不到李嘉诚式的努力与勤奋。那么，你不妨问问自己：你能和李嘉诚一样勤奋吗？你是不是经常为自己的懒惰找借口？如果你的回答是否定的，那么，你就知道症结所在了。也许，有些人会说，我不够聪明。而实际上，即使智慧，也源于勤奋。没有人能只依靠天分成功。自身的缺点并不可怕，可怕的是缺少勤奋的精神。勤奋面前，再艰巨的任务都可以完成，再坚定的山也都会被“移走”。滴水能把石穿透，万事功到自然成。唯有勤劳才是永不枯竭的财源。

事实上，懒惰是刚强者的宿敌，许多懒惰的人在心理态度方面都有问题。他们吝于在工作或职业上使出全力，觉得如果尽力而未能成功，就会很丢面子。他们的理由是，既然未曾尽力，那么失败了也可以振振有词，不愁找不到借口。他们并不觉得失败，因为他们从未认真地去做过。他们时常耸耸肩膀说：“这对我没有什么两样。”这样的人，终将一事无成。

古人云：“业精于勤，荒于嬉；行成于思，毁于随。”任何人，即使是天才，如果不克服懒惰，也会变成一个懒汉。王安石笔下的仲永最终沦为凡人就证明了这一点。

生活中，可能很多人总是把“不”、“不是”、“没有”与“我”紧密地联系在一起，其潜台词就是“因为……我没有……”而这，实际上只不过是在为自己寻找懒惰的借口，也是没有责任感的表现。一个没有责任感的员工，不可能获得同事的信任和支持，也不可能获得上司的信赖和尊重。如果人人都寻找借口，无形中会提高沟通成本，削弱团队协调作战的能力。

勤奋可以使聪明之人更具实力，相反，懒惰则会使聪明之人最终江郎才尽，成为时代的弃儿。

也许有人会说，我还年轻，有大把的时间，但你可能没有意识到的是，现在的你还是聪明的，但如果不继续学习，就无法使自己适应急剧变化的时代，就会有被淘汰的危险。而学会了克服懒惰并能不断地学习，一切都会随之而来。只有善于学习、懂得学习的人，才能具备高能力，才能够赢得未来。

那么，我们应该如何用勤奋战胜懒惰呢？

一、紧紧地抓住时间骏马的缰绳学习。

只有充分地利用好当前的时间，才不会有“白首方悔读书迟”的遗憾。伤逝流年，好像是在珍惜时间，其实是在浪费今日之生命。也不要沉浸在未来美好的向往中而放松了眼前的努力。山上的风景再好，如果不一步一步地努力攀登，是永远不会登上“险峰”而一览“无限风光”的。

二、学会肯定自己，勇敢地把不足变为勤奋的动力。

学习、劳动时都要全身心地投入，争取最满意的结果。无论结果如何，都要看到自己努力的一面。如果改变方法也不能很好地完成，说明或是技术不熟，或是还需要完善其中某方面的学习。你的扎实的学习最终会让你成功的。

（1）列出你立即可以做的事。从最简单、用很少的时间就可以完成的事开始。

（2）每天从事一件明确的工作，而且不必等待别人的指示就能够主动去完成。

（3）到处寻找，每天至少找出一件对其他人有价值的事情去做，而且不期望获得报酬。

克服懒惰，正如克服任何一种坏毛病一样，是件很困难的事情。但是只要你决心与懒惰分手，在实际的生活学习中持之以恒，那么，灿烂的未来就是属于你的！

曾经有人说：“懒惰是最大的罪恶，上帝永远保佑那些起得最早的人。”懒惰是现代社会中很多人共同的缺点，他们总是为自己的懒惰找借口。正是因为如此，他们最终也丧失了很多成功的机会。因为人的一生，可以有所作为的时机只有一次，那就是现在。的确，一个人只有坚持“不找借口找方法”的信念，才能对自己的事业有热情，不管遇到什么事，才能以办法代替借口。

自控小贴士

面对惰性行为，有的人浑浑噩噩，意识不到这是懒惰；有的人寄希望于明日，总是幻想美好的未来；而更多的人虽极想克服这种行为，但往往不知道如何下手，因而得过且过，日复一日。实际上，只有那些能与惰性作斗争并最终克服惰性的人，才与成功有缘。

改变态度，随时要有立即行动的战斗状态

生活中，很多人想成功，但只愿意做很少的努力。而那些成功者之所以会成功，是因为他们即使害怕也会行动，而大多数人正是因为害怕而没有作为。约翰·沃纳梅克——美国出类拔萃的企业家这样说过：“没有什么东西是你想得到就能得到的。”成功的人与那些蹉跎人生的人的最大区别，就是——行动！如果你能追溯那些成功人士的奋斗之路，你就会感叹：“难怪他会做得这么好！”怎样的行动才能获得最大的成功呢？是马上行动！

现代社会，无论是职场还是商场，其竞争度的激烈恰如战场，假如你也渴望成功，那么，你就应该牢牢地记住，对于执行力的天敌——拖延，我们一定要有自控能力，因为执行力就是竞争力，成败的关键在于执行。美国钢铁大王安德鲁·卡内基在未发迹前的年轻时代，曾担任过铁路公司的电报员。

有一天，正值放假，但安德鲁·卡内基需要值班。就在这个平凡的值班日，却发生了一件意想不到的事。

躺在椅子上休息的卡内基突然听到电报机滴滴答答传来的一通紧急电报，吓得从椅子上跳起来。电报的内容是：附近铁路上，有一列货车车头出轨，要求上司照会各班列车改换轨道，以免发生追撞的意外惨剧。

这可怎么办？现在是节假日，能下达命令的上司不在，但如果不现在决策的话，就会产生一些不可预料的恶果。时间慢慢地过去了，事故可能就在下一秒发生。

安德鲁·卡内基不得已，只好敲下发报键，冒充上司的名义下达命令给班车的司机，调度他们立即改换轨道。因此，避开了一场可能造成多人伤亡的意外事件。

当做完这一切后，安德鲁·卡内基的心里开始紧张起来，因为按当时铁路公司的规定，电报员擅自冒用上级名义发报，唯一的处分是立即革职。但又一想，这一决定是对的。于是在隔日上班时，写好辞呈放在上司的桌上。

但令安德鲁·卡内基奇怪的是，第二天，当他站在上司办公室的时候，上司当着安德鲁·卡内基的面，将辞呈撕毁，拍拍卡内基的肩头："你做得很好，我要你留下来继续工作。记住，这世上有两种人永远在原地踏步：一种是不肯听命行事的人；另一种则是只听命行事的人。幸好你不是这两种人的其中一种。"

安德鲁·卡内基之所以成功，是因为他有成功者的品质，这一点，在他未发迹时就已经显现出来了。可见，成功者之所以能够成功，关键要取决于他能否控制住自己拖延的心，是否有立即执行的习惯。反之亦同，失败者之所以导致失败，乃在于他们一直为自己的拖延找借口。

有人说世界上的人分别属于两种类型。成功的人都很主动，我们叫他"积极主动的人"；那些庸庸碌碌的普通人都很被动，我们叫他"被动的人"。仔细研究这两种人的行为，可以找出一个成功的原理：积极主动的人都是不断做事的人。他真的去做，直到完成为止。被动的人都是不做事的人，他会找借口拖延，直到最后他证明这件事"不应该做"、"没有能力去做"或"已经来不及了"为止。

有人说天下最悲哀的一句话就是：我当时真应该那么做却没有那么做。每天都可以听到有人说："如果我在那时开始那笔生意，早就发财了！"或"我早就料到了，我好后悔当时没有做！"一个好创意如果胎死腹中，真的会叫人叹息不已，感到遗憾。如果真的彻底施行，当然也会带来无限的满足。

的确，每天都有几千人把自己辛苦得来的新构想取消或埋葬掉，因为他们不敢执行。过了一段时间以后，这些构想又会回来折磨他们。如果你不想让自己成为这些人中的一员，那么，就从现在开始行动吧！

那么，应该怎样克服拖延的坏习惯呢？以下几点可供我们参考：

一、承认自己有拖延的习惯，有意愿克服，才能成功地解决问题。

二、找到拖延的原因。

很多人迟迟不敢动手，是因为害怕失败，如果是这一原因，那么，你就应该强迫自己去做。

三、严格的要求自己，磨炼你的毅力。

爱拖延的人多半都是意志薄弱的，当然，磨炼自己的意志并非一朝一夕就能做到，需要你从小事、简单地事做起，并坚持下来。

四、别总为自己找借口。

例如，“时间还早”、“现在做已经太迟了”、“准备工作还没有做好”、“这件事做完了又会给我其他的事”等，不一而足。

五、坚持到最后，找到成就感。

这样很容易让人对事情产生厌烦感。应该做到告一段落再停下来，会给你带来一定的成就感，促使你对事情感兴趣。

六、要端正态度，直面责任。

“积极高昂的态度能使你集中精力完成自己想要的东西”。在工作中，应该始终保持平常的心态，在任何时候，工作和责任始终捆绑在一起，工作越好，责任越大。没有工作也就无所谓责任，要敢于负责。

自控小贴士

一个人之所以懒惰，并不是能力不足和信心缺失，而是在于平时养成了轻视工作、马虎拖延的习惯，以及对工作敷衍塞责的态度。要想克服懒惰，必须改变态度，以诚实的态度，负责、敬业的精神，积极、扎实的努力，才能做好工作。

让计划与目标指引你向前奋进

自古至今，大凡成功者，无不具备一项品质，那就是拥有不被打倒的意志力。他们从不拖延，但让他们成功的最为重要的原因还有一点，那就是有计划、有目标，不打无准备之战。相反，那些失败者之所以迟迟不准备，是因为他们不知道自己从哪里着手，一个人看不到前方的路，看不到希望，又怎么有信心，有决心成功呢?

因此，我们需要知道的是，目标与计划会让心更有方向，否则，我们只能像一只无头苍蝇四处乱撞，无论我们怎么努力，最终都会以失败告终。

20世纪80年代，美国有一家著名的机械制造公司叫维斯卡亚公司，这家公司生产的产品远销全世界，因此，它实力雄厚，并代表着当今重型机械制造业的最高水平。“大公司门槛高”这句话是有道理的，很多毕业生都到这家公司求职，但都被无情地拒绝了，因为该公司的高技术人员爆满，不再需要各种高技术人才。但丰厚的待遇和令人羡慕的社会地位还是让很多人削尖了脑袋前来求职。

这群求职者里有个叫史蒂芬的人，他是哈佛大学机械制造业的高材生。和许多人的命运一样，他在该公司每年一次的用人测试会上被拒绝。但史蒂芬并没有死心，他发誓一定要进入维斯卡亚重型机械制造公司。于是，他决定先“混”进这家公司再说。他先找到公司人事部负责人，提出可以无偿地为这家公司提供劳动力，只要能让他在这家公司，哪怕不计报酬，并能完成公司安排给他的任何工作。这位负责人，起初觉得这简直不可思议，但考虑到不用任何花费，在利益的引诱下，这位负责人便答应了，并安排他去车间扫废铁屑。

这份工作是没有报酬的，斯蒂芬还得养活自己，于是，一年的时间，他白天在这家公司勤勤恳恳地工作，晚上还得去酒吧打工。

令斯蒂芬失望的是，虽然他得到了所有同事和负责人的认同和好感，但公司却并没有提及正式录用他的事。机会很快就来了。那是90年代初，公司的许多订单纷纷被退回，理由均是产品质量问题，为此公司蒙受了巨大的损失。公司董事会为了挽救颓势，紧急召开会议商议对策。当会议进行了很长时间却未见眉目时，史蒂芬果断地闯入会议室，提出要见总经理。

在会上，史蒂芬慷慨陈词，对公司出现这一问题的原因作了令人信服的解释，并且就工程技术上的问题提出了自己的看法，随后拿出了自己对产品的改造设计图。这个设计非常先进，恰到好处地保留了原来机械的优点，同时克服了已出现的弊病。总经理及董事会的董事见到这个编外清洁工如此精明在行，便询问了他的背景以及现状，而后，史蒂芬被聘为公司负责生产技术问题的副总经理。

原来，斯蒂芬这是退而求其次的一种办法。当他被拒绝后，他想方设法留在这家公司，是为了更彻底地了解这家公司。于是，他在做清扫工时，利用清扫工到处走动的特点，细心察看了整个公司各部门的生产情况，并一一作了详细记录，发现了所存在的技术性问题，并想出了解决的办法。为此，他花了近一年的时间搞设计，获得了大量的统计数据，为会上的出色表现奠定了基础。

斯蒂芬为什么能一举成功，让公司高层领导对其能力加以肯定并由一名小小的清洁工成功晋升为技术问题副总经理，原因很简单，他懂得厚积薄发，伺机而动，因为他做足了充分的准备工作，在该公司最需要自己的时候及时出现，以自己过硬的专业知识帮其解决了这项技术问题。我们设想一下，假如他空有为公司担当的勇气而没有一个完备的表现自己的计划，没有过硬的实力，那恐怕这种表现只会适得其反。

因此，在追求成功的过程中，我们若想克服拖延的习惯，就必须让心更有方向，也就是说，在下定破釜沉舟的决心前，我们还要有缜密的思维和计划。机遇总是会留给那些有准备的人的。

如果你梦想着成为知识专家，那就立刻看看自己适合于研究什么专业，立刻分析现在社会的前沿信息是什么，立刻专心于读书学习，那就立刻开始，选书目、定方向、写笔记，立刻开始阅读，不要拖延时间；如果梦想成为一流的营销员，成为亿万富翁，那就立刻开始研究产品、市场、人脉、营销，立刻拿起电话，立刻买上车票，立刻奔赴营销第一线；如果梦想成为政治家，那就立刻学会演讲、学会写作、学会协调，立刻研究人脉、研究社会、研究管理……

那么，具体来说，我们应该怎么做呢？

一、制订完善的计划和标准。

要想把事情做到最好，你心中必须有一个很高的标准。在决定事情之前，要进行周密的调查论证，广泛地征求意见，尽量把可能发生的情况考虑进去，以尽可能避免出现1%的漏洞，直至达到预期的效果。

二、制订计划时不要超过你的实际能力范围，而且内容一定要详尽。

比方说，如果你想学习英语，那么你不妨制订一个学习计划，安排星期一、星期三和星期五下午5：30开始听20分钟的英语录音磁带，星期二和星期四学习语法。这样一来，你每个星期都能更实在地接近、实现你的目标。

三、做事要有条理有秩序，不可急躁。

急躁是很多人的通病，但任何一件事，从计划到实现的阶段，总有一段所谓时机的存在，也就是需要一些时间让它自然地成熟。假如过于急躁而不甘等待的话，就会经常遭到破坏性的阻碍。因此，无论如何，我们都要有耐心，只有压抑住那股焦急不安的情绪，才不愧是真正的智者。

四、立即行动，勤奋才能产生行动。

我们都知道勤奋和效率的关系。在相同条件下，当一个人勤奋努力工作时，他所产生的效率肯定会大于他懒散的工作状态。高效率的工作者都懂得这个道理，所以，他们能够实现别人几辈子才能够达到的目标。

自控小贴士

人生不能没有目标，如果没有目标，就会像一只黑夜中找不到灯塔的航船，在茫茫大海中迷失了方向，只能随波逐流，达不到岸边，甚至会触礁而毁。在做任何一件事前，我们必须做好计划，计划是为实现目标而需要采取的方法、策略，只有目标，没有计划，往往会顾此失彼，或多费精力和时间。我们只有树立明确的目标，制订出详尽的计划，才能投入实际的行动，才能收获成就感和满足感。

新的人生从战胜拖延心理开始

一只鸟的翅膀再大，如果不努力振动，又怎能展翅高飞呢？一个人的才能再高，如果不努力拼搏，又怎能走向成功呢？一个国家的物产再丰富，如果不努力发展，又怎能屹立于世界民族之林呢？这一切都说明：行动胜于空想。说一尺不如行一寸。只有行动，才能缩短自己与目标之间的距离，只有行动，才能把理想变为现实。行动是治愈恐惧的良药，而犹豫、拖延将不断地滋养恐惧。成功的人都把少说话、多做事奉为行动的准则，通过脚踏实地的行动，达成内心的愿望。

因此，如果你是个爱拖延的人，那么，你就必须学会挑战并克服它，有位伟人说过："世界上只有两种人：空想家和行动者。空想家善于谈论、想象、渴望，甚至于设想去做大事情；而行动者则是去做！你现在就是一位空想家，似乎不管你怎样努力，都无法让自己去完成那些你知道自己应该完成或是可以完成的事情。不过，不要紧，你还是可以把自己变成行动者的。"这其中，行动者就是那些有自控行为的人，他们并不是没有拖延心理，而是因为他们能克服，他们能立即行动，而空想家却是那些任凭拖延心理侵占内心的人，于是，他们刚开始行动就懈怠了，梦想对于他们来说，永远只是梦想。

实际上，那些有拖延习惯的人，多半都是拖延心理在作怪。我们先来看下面一个生活小故事：

有一位女士，她怀孕了，无聊的她想打发时间，于是，她买来一些漂亮的毛线，想给未出世的孩子织一件衣服，可是她却迟迟没动手。她总是懒懒地躺在床上，每当她想到那些毛线时，她总是告诉自己："还是先吃点东西，看看电视，等会儿再说吧。"可是等她吃完东西、看完电视以后，她发现天已经黑了。于是，她会说："晚上开着灯织毛衣对孕妇的眼睛不好，还是明天再织吧。"到第二天，她又用同样的借口拖延。

她的丈夫是个贴心的好男人，他心疼妻子，并未催促她，她的婆婆看到那些被放到柜子里的毛线，本想替她织，但她却坚决要自己为孩子织毛衣，她心想，如果是个女儿，一定要织个漂亮的毛裙；如果是个男孩，就织一件毛裤。但随着她的肚子越来越大，她越来越不想动，后来，她告诉自己，要不就等孩子出来再织也行。

时间过得真快，孩子很快出来了，是个漂亮的小姑娘。带孩子成了她主要的工作，孩子渐渐地长大，很快就到一岁了，可是那件毛裙还没开始织。后来，她发现，这些毛线已经不够给孩子织了。于是打算只给孩子织一个毛背心，不过打算归打算，动手的日子却被一拖再拖。当孩子两岁时，毛背心还没有织。当孩子三岁时，她想，也许那团毛线只够给孩子织一条围巾了，可是围巾始终没有织成……渐渐地，她已经想不起来这些毛线了。孩子开始上小学了。一天，孩子在翻找东西时，发现了这些毛线。孩子说真好看，可惜毛线被虫子蛀蚀了，便问妈妈这些毛线是干什么用的。此时她才又想起自己曾经憧憬的、漂亮的、带有卡通图案的花毛衣。

这只是生活中的一个小故事，但它却告诉我们一个道理：拖延习惯会毁掉我们最美好的梦想。要克服拖延的习惯，就必须先抛弃拖延的心理。如果不下决心现在就采取行动，那事情永远不会完成。

的确，我们每个人的心中都有一个远大的梦想，然而，一些人却只把目标放在口头上，难道这种"说话的巨人"也能轻易取得成功吗？看历史上的每一个伟人，无不是既拥有超前的思想和超凡的行动力，并通过发挥自己的优势而赢得荣誉的。但凡每个社会中成功的人士，无不是思想与行动的统一结合，并通过自身的努力才获得胜利。其实，像这样的例子不胜枚举。一句话，行动促就梦想。

那么，活在当下的人们是甘愿做一个事业有成的成功人士呢，还是只愿做个一点人生意义都没有的普通人呢？如果你选择前者，那么，从现在开始，你就得给自己规划一个详细的人生目标，并按照自己现有的自身条件去为之奋斗。只要你这么想了，这么做了，那么你的人生最终就是成功的。

以下是帮助我们克服拖延心理的方法：

一、认识到拖延心理的负面效应。

我们需要明白，拖延并不能帮助我们解决问题，也不会让问题凭空消失，拖延只是一种逃避，甚至会让问题变得更严重，那么，你为什么还要逃避呢？那些成功者从不拖延。

二、及早行动。

等待是等不来机遇的，行动才能为成功创造有利条件。你可以为自己制订一个行动计划，然后将这个计划细化，列出你需要做的每一步。刚开始，你的行动带来的效果可能是微不足道的，但这就是很好的开端，只要你愿意并且坚持做下去，你就能收到成效。

三、避免疲劳。

很多时候，人们之所以拖延，多半是他们都会以疲劳为借口，实际上，真正令人们疲劳的是无休止地拖延一件事。从一定程度上来说，疲劳是可以控制的，如果我们早点休息，按部就班地完成任务，坚持做一件事，我们就能减少疲劳，增强自信心，逐渐克服拖延心理。

四、自我奖励。

任何习惯的养成，都需要一个过程，都需要我们不断地强化，并最终形成一个自觉的做事习惯。为此，我们需要给自己及时的奖励。当你坚持做事、完成一件任务时，你要及时地肯定自己，然后记录进步，在获得某种成就感之后，你会找到继续努力的动力。

五、克服惰性。

惰性是与拖延相伴相生的。你会发现，那些你不愿意做的工作，往往是你不喜欢做的事或者是难做的事，因此，要克服拖延心理，你首先要克服惰性，万事开头难，要把不愿做但又必须做的事情放在首位，而对于难做的事可以试着把困难分解开，各个击破；对于那些难做决定的事，则要当机立断，因为最坏的决定是没有决定。

六、合理安排。

要善于利用每天的不同时间段。一般来说，上午头脑清醒，特别是第一个小时是效率最高的时候，可以将一些难度大而重要的工作放在此时进行。下午大脑一般比较迟钝，可以做一些活动量大又不需要太动脑筋的工作。这将有助你提高工作效率，使得工作早日完成。

自控小贴士

必须克服拖延的习惯，想方设法将其从你的个性中除掉。如果不下决心现在就采取行动，那事情永远不会完成；当然了，如果你不打算成功、不打算超越他人和自己、不打算改变现状的话，那你可以放任自己的拖延陋习。

第08章

你的自私有多强，收获豁达内心

自私是一种较为普遍的病态心理现象。“自”是指自我，“私”是指利己，“自私”指的是只顾自己的利益，不顾他人、集体、国家和社会的利益。诚然，我们每个人都有权利追求精神和物质上的需求，但这并不代表我们可以对自己的自私心理不加控制。实际上，那些为一己私欲而伤害他人的人多半都是其自私的本性得不到应有的节制而超过一定限度发挥的结果。任何一个社会人，都有必要控制自己的自私本性，并且做到多行善，多为他人着想，那么，最终获利的还是你自己。

你的心胸可以和天空一样广阔

有人曾说，世界上最宽阔的是海洋，比海洋更宽阔的是天空，比天空更宽阔的是人的胸怀。人与人交往中，难免会产生一些人际冲突，你是心生愤恨，还是一笑而过？一个人是否具有宽广的胸怀，是判断这个人人品的重要标志之一。如果具备宽广的胸怀，这个人无论何时何地都会受到大家的欢迎，如果这个人心胸狭窄、小肚鸡肠，那么这个人则很难拥有良好的人际关系。胸怀是做人的肚量，也是一种境界。宰相肚里能撑船的故事就说明了这一人生哲理：

三国时期的蜀国，有一段时间，也就是诸葛亮去世后，是由蒋琬主持朝政的，他很受朝廷和百姓的爱戴。

曾经，他的属下有一个叫杨戏的人，性格内向，不善言谈，即使是上司蒋琬与他谈话，他一般也只是点头不语。对此，很多人看不惯，甚至在蒋琬面前嚼舌根子："杨戏这人对您如此怠慢，太不像话了！"蒋琬坦然一笑，说："人嘛，各有秉性，他不喜欢在我面前赞扬我，也不喜欢在我面前让我下不来台，所以沉默应该是最好的选择吧。其实，这不正是他的可贵之处吗？"蒋琬的这种气度被后人赞为"宰相肚里能撑船"。

蒋琬的话是正确的，不同的人，有不同的秉性，真诚地表达自己，才是为人的可贵之处。世界上的任何人和事，也都没有绝对的是非善恶，宽容别人，就是尊重别人，即使别人犯了什么错，也不要一棍子将人打死，谁没有犯错的时候呢？

有句话说："谨慎使你免于灾害，宽容使你免于纠纷。"宽容是种高尚的善意，它能使人换位思考，处理好人际关系。若无宽恕，生命将永远被无休止的仇恨和报复所控制。只有善于团结，才会得到友善的回报！历代圣贤都把宽恕容人作为理想人格的重要标准而大加倡导。《周易》中提出“君子以厚德载物”，荀子主张“君子贤而能容罢，知而能容愚，博而能容浅，粹而能容杂”。学会了宽容，同样也是学会了处世。人是社会的人，世间并无绝对的好坏，而且往往正邪善恶交错，所以我们立身处世有时也要有清浊并容的雅量。佛家云：“精明者，不使人无所容。”我们常说的“得饶人处且饶人”，也是这个道理。事实上，宽容并不代表无能，却恰恰是一个人卓识、心胸和人格力量的体现，即所谓“海纳百川，有容乃大”。

有一天早上，在一所寺庙里，一位法师正好要开门出去，恰巧一个彪形大汉闯进来，狠狠地撞在法师的身上，并撞碎了法师的眼镜。谁知，这个大汉不但没有说道歉的话，反倒说：“谁叫你戴眼镜的？”

令大汉奇怪的是，法师不但没有生气，反而笑了笑，不语。于是，他问：“喂！和尚，为什么不生气呀？”

法师向大汉解释道：“为什么一定要生气呢？生气既不能使眼镜复原，又不能让脸上的淤青消失，苦痛解除。再说，生气只会扩大事端，若对你破口大骂或打斗动粗，必定会造成更多的业障及恶缘，也不能把事情化解。”随后，法师继续说：“若我早一分钟或迟一分钟开门，都会避免相撞，或许这一撞也化解了一段恶缘，还要感谢你帮我消除业障呢？”

大汉听完这一番话后，十分感动。后来，他又问了许多佛的问题及法师的称号，在大师的一番教导之后，他若有所悟地离开了。

事情过了很久之后，一天，法师接到一封挂号信，信内附有5000元钱，正是那位大汉寄的。

大汉为什么要给法师寄钱呢？原来，事情是这样的：大汉在读书时，不知勤奋努力，毕业之后，从事的工作也一直高不成低不就，十分苦恼。结婚后，因为不善待妻子，婚姻生活也不幸福。有一天，他上班时忘了拿公文包，中途又返回家去取，却发现妻子与一名男子在家中谈笑，他冲动地跑进厨房，拿了把菜刀，想先杀了他们，然后自杀，以求了断。

不料，那男子惊慌地回头时，脸上的眼镜掉了下来，瞬间，他想起了法师的教诲，使自己冷静下来，反思了自己的过错。

现在他的生活很幸福，工作也得心应手了，妻子也觉得他变了一个人。因此，他特寄来5000元钱，一方面为了感谢法师的恩情；另一方面也请求法师为他们祈福消业。

法师的宽容带给了大汉觉悟，教会他用一颗宽容的心去对待别人。宽容是一条环环相扣的纽带，让我们彼此相连，让我们认清彼此，珍惜生命。宽容不仅需要“海量”，更是一种修养促成的智慧，事实上只有胸襟开阔的人才会自然而然地运用宽容。

日常生活中，令人烦恼的事情时有发生。有时，不经意间，它会突然出现在你的面前，使你感到不快、厌烦；有时，还可能在你的心灵深处造成重创，甚至威胁你的生活。面对这些，你应该如何对待呢？我们又该如何扩展自己的心胸呢？

一、树立共赢观与换位观。

在交往中，如果与人产生了摩擦，应当把自己和对方所处的位置关系交换一下，站在对方的立场上，以他的思维方式或思考角度来考虑问题。这样，当你本来想发怒的时候，通过换位思考，你的情绪就会平静下来；当你觉得对方不可理喻的时候，通过换位思考，你会真切地理解他此时此地的感受；通过换位思考，你也会变得宽容。比如，你可以尝试着说服自己：他之所以这样做，是有一定缘由的，我应该原谅他。然后慢慢地让自己接受现实，从心底理解和原谅他人，进而让仇恨的情绪随着时间的推移逐渐淡去。

二、常反省。

任何一种品质和修养，都是在不断改正与积累中形成的。你不妨每天问自己：今天我因为心胸狭窄与人争执了吗？我还有哪些地方做的不好？经常这样问自己，你的心便会越来越宽广！

三、懂得忍耐。

很多时候，我们需要宽容，宽容不仅是给别人机会，更是为自己创造机会。只有忘记仇恨，宽宏大量，才能与人和睦相处，才会赢得他人的友谊和信任，才会赢得他人的支持和帮助。念念不忘别人的“坏处”实际上最受其害的就是自己的心灵。

自控小贴士

一只脚踩扁了紫罗兰，它却把香味留在脚跟上，这就是一种胸怀，一种修养，一种坦荡，一种豁达。荷兰的斯宾诺沙说过：人心不是靠武力征服，而是靠爱和宽容大度征服的。它一如阳光，亲切、明亮。

人的自私到底从何而来

在中国的《三字经》中，有这样一句耳熟能详的话——“人之初，性本善”，意思就是，人在刚刚降临到这个世界上时都是善良的。当然，也有人认为是“人之初，性本恶”，这是一套完全相反的言论。关于这两种观点，几千年来，人们一直争论不休，却一直没有结果。其实，善恶都不是人的本性。如果人性本善，那么，为什么我们的生活还是有那么多的恶人恶事？如果说人性本恶，那就应该是恶恶相染，恶恶相承，这个世界就不应当有善人善事了。可实际上，我们这个世界的善人善事也一直是源源不断的。可见，人性本善人性本恶的说法都是不能成立的。那么，人的本性到底是什么呢？其实是自私。自私，顾名思义，指的是人们在做出某种行为前，他的出发点和终点从主观上来说都是为了自己。也就是说，只要是一个正常的人，其一切行为都是为了自己。当然，主观为自己的同时，客观上也常常出现为别人的情况。

自古以来，人们常说：“人不为己，天诛地灭。”其实这是对“人本自私”的最好阐述。自私是人类立足于客观事物的某种需要，如果一个人从根本上放弃了自己的欲望或需求，其结果只能在人与人的竞争中和人与环境的抗争中，或者最终在精神上和肉体上被淘汰出局，即所谓的“天诛地灭”。

我们不难发现，一个婴儿来到世间的第一声啼哭，就是渴望获得——我需要食物，我需要父母的养育。这何尝又不是人性的自私面呢？在他未经受家长、学校的教育，没有得到礼仪的熏陶前，他是不懂得“孔融让梨”背后的含义的，他只知道吃。实际上，“孔融让梨”又何尝不是为了获得某种需求呢，只不过这种需求不是物质上的，而是精神上的。

因此，我们可以总结出，人类的需求是多样性的，归结起来有物质的和精神的两大类；其二是人为自己谋利的方式是多样性的，也可以归结为直接的和间接的两大类。人们有时偏重于物质需要，有时偏重于精神需要，有时是赤裸裸地摘取需要（直接方式），有时是拐弯抹角地获取需要（间接方式）。

然而，我们说人本自私，并不是说人们都应该自私为己，实际上，人的自私本性如果不受节制，超过一定限度地发挥，就会变成恶。为一己私欲而伤害他人，为一己私欲而走上万劫不复，其实都是人的自私本性得不到应有节制而超过一定限度发挥的结果。任何一个社会人，都有必要控制自己的自私本性。对于那些明显自私的人、势利小人，人们都是拒绝与其交往的，谁愿意在自己的身边放一颗定时炸弹呢？也没有谁愿意被小人暗算。如果我们能不求回报地帮助他人，那么，就能有所回报，这也是培养友谊的基础。

从前，在一个深山里，有一个小山村，村里的每一个人都起早贪黑地种植稻谷，但不知为何，每年的收成却很低，根本不能解决温饱问题。

后来，有一个农民走出大山，去寻找优质稻种，终于，他发现了高产量的稻种。果然，第一年试种，就收成很好。村民们看到他成功了，便想着能从他那里换一些稻种。可这个农民却想，如果大家的稻谷产量都提高了，自己不就不能发财了吗？于是，他拒绝了乡亲们的请求。

第二年，他还是用这个新得到的种子播种，并且，他更加勤奋地耕种，谁知道，产量却很差。后来，他才明白，在稻谷授粉时，风将邻家的劣质花粉接种到他家的优质稻子上了。

此时，你肯定会笑话这个自私又愚昧的农夫。是的，自私狭隘是一切善良美好的事物身上的毒瘤，是成功与和谐的天敌。与之形成鲜明对比的是一种善于为他人着想的博大、无私的胸怀。

当然，自古以来，我们的身边就不乏正直忠诚者。而这一品质，也正是他们获得荣誉、赢得赞扬的前提条件。

包拯的性格严厉正直，对官吏苛刻之风十分厌恶，致力于敦厚宽容之政，虽然疾恶如仇，但没有不以忠厚宽恕之道推行政务的，不随意地附和别人，不装模作样地取悦别人，平时没有私人的书信往来，亲旧故友的消息都断绝了。虽然官位很高，但吃饭穿衣和日常用品都跟做平民时一样。他曾说："后世子孙做官，有犯贪污之罪的，不得踏进家门，死后不得葬入大墓。不遵从我的志向，就不是我的子孙。"

在宋代，人们喊他为"包待制"。京城称他说："关节不到，有阎王爷包老。"哪里有不公，哪里就有包拯。以前的制度规定，凡是告状不得直接到官署庭下。而包拯打开官府正门，使告状的人能够直接到他面前陈述是非曲直，使胥吏不敢欺骗长官。

包拯在朝廷为人刚毅，人人敬之三分。那些宦官和权臣，都会有所收敛。任瀛洲知州期间，各州用公家的钱进行贸易，每年累计亏损十多万，包拯上奏全部罢除。朝中官员和势家望族私筑园林楼榭，侵占了惠民河，因而使河道堵塞不通，正逢京城发大水，包拯于是将那些园林楼谢全部毁掉。有人拿着地券虚报自己的田地数，包拯严格地加以检验，上奏弹劾弄虚作假之人。

包拯在三司任职时，凡是各库的供上物品，以前都向外地的州郡摊派，老百姓的负担很重，深受困扰。包拯特地设置榷场进行公平买卖，百姓才得以免遭困扰。

包拯正直、刚正不阿、为百姓伸张正义，这正是他能流芳百世的原因。生活中，有些人本着"人不为己，天诛地灭"的想法，自私自利，这样的人在获取到小恩小惠的同时，也让自己的品格蒙上了一层阴影。

因此，我们每个人应该学会控制自己的自私欲，只有塑造良好的品质修养，才能获得人生的阳光大道。因为任何人，如果不具备正直忠诚这一品质，即使具备不平凡的智慧，也只是小聪明而非大智慧，人生的路只会越走越窄。

自控小贴士

人的本能并不是善恶，而是自私。人要生存，要活好，要发展，就不能不谋求自己的利益。谋取个人的正当利益，是每个人的权利和责任，应该受到尊重。我们在承认人本自私的同时，还应该控制自私的本能，学会多为他人考虑，才能获得更高阶段的需求，成为一个成功的社会人。

提升理性，从潜意识自控自私心理

心理专家认为，自私是人的天性，就像贪吃是人的天性一样。从我们刚出生开始，我们就是自私的，我们不愿把手中的食物和玩具分给其他人。只不过，在逐渐成长的过程中，我们受到了教化，逐渐改正了自私的毛病，而另外一些人，却变本加厉，他们对家人、父母、朋友都很自私，总是一味地索取。实际上，那些自私的人凡事从自己的利益考虑，他们不愿意与人合作。他们总会遭到别人的鄙视，也不可能有好的前景。他们鼠目寸光，总是放不开，总觉得自己的东西来之不易，而且体会不到分享的快乐。别人也会对其渐渐地失去兴趣，因为他们在自私者的身上得不到快乐的感觉。

自私是人类的本能，但还不是邪恶。贪婪才是邪恶。这种坏的行为习惯如果不加以克服，很可能从损害他人的利益开始，到损害社会和国家的利益，最后发展成贪婪。所以我们更应该自觉地克服这种自私心理，提升自己的理性，锻炼自己的意志。然而，要控制自己的自私心理，我们需要从控制自己的潜意识开始。

有一个寓言是这样的：

从前有这样一个国家，这个国家的国王和所有的国民都没有接受宗教的教化，因此，他们更相信那些奇异的邪法。每当举行祭祀时，他们就大肆杀生，国内的动物成了祭典的牺牲品。

有一年，国王的母亲病重了。和往常一样，国王只好求助于巫师们，他说：

“我的母亲患病时间已经很长了，我一直在寻找医生为她医治，但都没有什么效果。所以才不得不求助于各位，各位都是饱学之士，智慧超群，通达事理，也知晓宇宙景象。到底是什么原因呢？应该如何才能医好呢？希望诸位能详细地解释一下。”

这群巫师还是按照老法子来，他们告诉国王：首先得在郊外找块干净的土地，群山围绕，面向日月星辰建造一座祭坛，杀一百只不同的牲畜，和一个小孩来祭天，大王和皇太后都要亲临祭拜，皇太后的病才能痊愈。

国王自然听信了巫师们的话，他吩咐手下的人准备好了所有的东西，准备祭天仪式。

因为要杀的生命太多，哭泣声太大，释尊听到了，“为了救一个人，竟牺牲这么多无辜的生命。”国王的愚蠢、顽固与残暴让释尊觉得必须要阻止这场恶性。于是，他也带领一行弟子赶往祭天现场。巧的是，他与国王不期而遇。

看到释尊，国王非常感动，那些即将被屠杀的人们，看到佛陀，无形中升起恭敬心，并且觉得解救自己的人出现了。

于是，按照礼数，国王亲自下车，并取下头盖，合掌长跪望着佛。

佛陀问国王：“大王，你们想上哪儿去呢？”

“我的母后常年患病，无法医治，现在我终于知道问题的所在了，现在，我们正准备向四山五岳祈祷，答谢星座，乞求让人母延年益寿，早日康复。”

佛陀一听，便明白这是个无知的国王。于是，佛陀这样说道：“大王，你若想五谷丰登，就不能只靠天，而应该努力耕作；你若想坐拥财富，就必须广行布施。若想延年益寿，自然就与人为善。善有善报，恶有恶报，你为保母亲延年益寿固然很好，但却以杀害众多生命为代价，如此怎能得到善报呢？若想延寿百岁，与其屠杀牲畜，来祭拜天上诸神，远不如做一件善事来得好”。

释尊说完话，立即佛光普照，然后消失了。国王一行人听完以后，如梦初醒。于是，国王释放了所有的人，并开始大赦天下。不久以后，皇太后的病都好了。

故事中的国王为什么能转换思维，放下一己私欲？因为佛陀的一番话深入了他的心，让他明白了“种瓜得瓜，种豆得豆”的道理，的确，很多时候，事情的结果往往取决于我们的思维方式，而我们的思维是从潜意识里散发出来的，如果我们能从潜意识里控制自己的私欲，多为他人着想，那么，我们种出的就是善果；而如果我们在大脑中选择恶意的思维方式，种出的自然也就是恶果，也终将害人害己。

在人生旅途上，我们每个人都应该警醒自己，心存善念，多为他人着想，那么，你的人生旅途就会越走越宽。而自私者是悲哀的，他们总是渴望占有，让他们拼命地保护自己的东西，同时又想方设法地掠夺别人；自私者是眼光短浅的，总是在乎眼前的一点点利益，总是认为什么东西还是抓在手里比较放心。阿瑟·赫尔普斯曾经说：“许多人知道如何享乐，却不知道自己从何时起已不再向别人提供欢乐。”

自私者的心灵是生活在地狱中的，他们也感到自私自利的邪恶力量，但他们却不知道如何解救自己。要想改变自己自私的心理，我们需要先调整自己的意识，就如先哲说的：“人生的真谛在于认识自己，而且是正确地认识自己。”生活中，我们需要培养自己的反省意识，并不断地反思自己的行为。

这天，一个中年妇女在集市上从一对农民夫妇那里买了一袋大米，并交给对方200元钱。恰巧，当这位妇女准备离开集市时，她又遇到了这对夫妇。但不幸的是，不知为何，这位中年妇女好像扭伤了脚。农民夫妇见状，便用他们的人力车把中年妇女送到医院。待安置妥当后，二人意欲告辞，谁知这名妇女一把拉住他们的手，羞愧地相告：“我买你们大米的钱，用的是假币。”说罢，她拿出两张100元的真钞，塞到农民夫妇手里。

这是个多么有意思的故事。是什么让中年妇女痛改前非、认识到自己的错误呢？是农民夫妇的质朴和善良！仅仅是一步之遥，她没有跌进良心的谴责之中。有时候，一步之遥的距离可以改变一个人的一生，而更多的时候，我们却没有勇气迈出。

实际上，社会上那些阴暗的事情，例如，嫉妒、杀戮、偷盗，都是自私比较极端的表现。也许你会认为自己不会做出那些事，但身上仍然有自私的DNA。因此，我们每个人应该学会不断地反省，只有从潜意识里控制自己的自私心理，才能从源头上杜绝自私行为的出现。

自控小贴士

从潜意识中控制自己的自私心理，需要我们把宽容和博爱时刻镌刻在心里，以仁爱之心去爱人。总之，我们需要记住的是：从天使堕落到魔鬼仅一步之遥，从魔鬼升华到天使亦近在咫尺，选择只由自己。

改变自私本能从改变潜意识开始

我们知道，自私是一种较为普遍的心理现象，是一种近似本能的欲望，人都有追求某种需要的权利，都希望发展自己，但如果我们不对自己的私欲加以控制，那么，就可能做出损人利己的事来，甚至还会触犯到道德和法律的底线。然而，自私是一种处于人的心灵深处的心理活动，隐藏得较深，有自私行为的人并非意识到他在干一件自私的事，相反他在侵占别人利益时往往心安理得。因此，如果你是个自私的人，如果你想改变自己，就需要从改变你的潜意识开始。

有人说，在人类的灵魂里，同时住着魔鬼和天使，他们一直在角斗。魔鬼，一定代表罪恶。天使，一定代表善良。魔鬼与天使的差别往往只是一念之差，一步之遥。善恶一念之间，但为善还是为恶，是可以通过思维意识控制的，善意的思考和恶意的思考自然而然就会导致事物走向不同的结果。日常生活中，我们应该培养自己的利他感情，多行善，多为他人着想，那么，最终获利的就是你自己。

在一座古庙里，年轻的小和尚问方丈："听说除了我们生活的世界外，还有天堂和地狱，那地狱到底是什么样的地方呢？"

面对小和尚的疑问，老方丈这样回答道："那个世界内，既有天堂，也有地狱，表面上看，它们并没有太大的差别，只是人们的心不同。"

老方丈的话让小和尚更迷糊了："怎么不同呢？"

老方丈继续讲道："在地狱和天堂里，有一个相同的锅，锅里煮着味道鲜美的面条，但是，要想吃到面条却很辛苦，因为只有长度达一米的筷子。

对此，住在地狱的人，他们争前恐后地抢着吃面条，但可惜的是，筷子太长，面条不能送到嘴里去，最后他们开始抢夺别人的面条，于是，一锅的面条全部洒了，谁也没吃到。这就是地狱内人的生活。”

“那住在天堂里的人是怎样生活的？”小和尚好奇地问。

“和地狱里的人相反，住在天堂的人，他们知道，要想自己吃到面条是不可能的。他们用自己的长筷夹住面条，就往锅对面人的嘴里送，‘你先请’，让对方先吃。这样，吃过的人说‘谢谢，下面轮到你吃了’，作为感谢和回赠，帮对方取面条。所以，天堂里的所有人都能从容地吃到面条，每个人都心满意足。”

听完方丈的话，小和尚若有所思。

的确，我们是住在地狱还是天堂，完全取决于我们的心。这就是这个小故事想要告诉世人的道理。

事实上，那些自私的人正面临着心灵的荒漠、人格的缺陷，甚至导致他人生的失败：他们因得不到某种满足或者常常把别人的一点点不足过失耿介于怀，因此往往痛苦多于欢乐，怨恨多于感动；还可能因为极端的自私和狭隘，而演化成为危害社会危害他人的危险成分。相反，亡羊补牢，为时不晚，如果你愿意改变自己，那么，你就能获得快乐。的确，多一份宽厚、多一份仁慈，我们的生活就会多一份开心。对别人宽厚仁慈，我们就会收获一份发自内心的尊重、一份鼓励、一份赏识、一份浓浓的爱。这种爱，就是宽容的爱、平等的爱、激励的爱。

自私作为一种病态社会心理，是可以克服的。作为自我来说，最有效的方法就是从改变自己的意识开始。具体来说有如下方法：

一、自我反省。

这里的自我反省，指的是通过反省来观察发现和研究自己的心理。实际上，自私很多时候是一种下意识的心理倾向。要克服它，我们就要经常对自己的心理进行自我观察。在观察时，我们一定要采用比较客观的评价标准。这个标准可以是社会公德，也可以是社会规范。另外，我们还需要加强学习，更新观念，强化社会价值取向，然后找出自己的心理和行为中不足的地方。

二、积极地参加社会活动，培养广泛的兴趣爱好。

自私的人，一般来说兴趣少、爱好狭窄，常常躲在自己的世界里。因此，你应该多参加集体活动，还可以培养对文学艺术、体育的兴趣，从而使自己心情舒畅、乐观开朗。

三、为自己树立行为榜样。

你可以从电影、书籍以及小说中为自己找到一个行为榜样，他们多半是受人爱戴的，学习他们为他人着想、奉献的精神和良好的道德修养，并且尝试着从身边的小事做起。

四、在生活中学会换位思考。

生活中，与人交往，难免会因为利益问题而与人发生一些冲突，此时，不要冲动，应静下心来仔细地衡量一下，把自己放到别人的位置去考虑。要想到“你让我一尺，我还你一丈”，人与人的交往需要真诚与友爱，不要因为眼前的一点点小利益而失掉更宝贵的东西。

五、多做利他行为。

一个想要改正自私心态的人，不妨多做些利他行为。例如，关心和帮助他人、给希望工程捐款、为他人排忧解难等。私心很重的人，可以从让座、借东西给他人这些小事情做起，多做好事，可以在行为中纠正过去那些不正常的心态，从他人的赞许中得到利他的乐趣，使自己的灵魂得到净化。

自控小贴士

每个人的个性都是后天形成的，因而也可以通过后天的努力来改变。因此，即使你是个自私的人，你也可以从改变自己的意识开始，纠正自己的自私心理。当有一天，你认为自己是个胸怀坦荡、无私待人的人时，你不但能获得心灵的释放，还可以拥有良好的人际关系，从而最终做到自己借力发力，终成大器。

挖掘并消灭自私根源，收获豁达内心

我们发现，在竞争激烈、人们追求物质强烈的现代社会，就是有这样一些人，他们为了追求自己成功，不惜使用各种手段，从而为自己的心灵蒙上了灰尘。这些灰尘有邪念、罪恶等，但究其本源来说，都是自私，如果不及时清理，当他们的心被灰尘蒙蔽的时候，人生就悲哀了。现代社会，一些商人为了一己私利不惜伤害消费者的利益、健康甚至生命，最终走上万劫不复之路。事实上，他们之所以做出这些自私的行为，是因为他们没有看到自私所带来的负面效应。“点燃别人的房子，煮熟自己的鸡蛋”。英国的这句俗语，形象地揭示了那些妨害他人利益的自私行为。在为人处事的过程中，如果我们时时以自己为中心，一切以自己的利益为出发点，那么，就会妨害到别人的利益和情感，这样的人谁不怕？怕的时间长了，也就如同瘟疫一样，人们避之唯恐不及；怕的人多了，也就如过街老鼠一样，人人见之喊打。这样的人即便是比别人多捞取了一些利益，也不会获得真正意义上的幸福。

人与人之间的交往是相互的，你怎样对待他人，他人就会怎样对待你，如果我们只想拥有而不想给予，那将是一个自私的人，自私的人是不会拥有真正的朋友的。所谓“赠人玫瑰，手有余香”就是这个道理。因此，如果你是个自私的人，那么，你就有必要挖掘出那个让自己自私的根源并消除它，只有这样，你才能变得更加豁达。

我们先来看下面这个故事：

张三是一个出了名的吝啬鬼。

一天，他家来了客人，到了午饭的时间，他只给客人端来一碗稀饭。就在这时，门外来了一个卖熟牛肉的，他的客人毫不客气地说：“给我买斤牛肉吧，在你家总是喝稀饭。”

听到客人这么说，张三不好回绝，便出去买牛肉了，他让客人在屋内等候。过了一会儿，外面传来了张三与卖牛肉者砍价的声音。

“三块一斤行不行？”“不行！”

“五块一斤行不行？”“不行！”

“七块一斤总行了吧！”“不行不行，一百块也不行！”

张三回来对他的亲戚说：”不知怎么的，他就是不肯卖给我。”客人只好自认倒霉。

晚上张三的妻子训斥他：“你是傻了吧，三块一斤不行，还要七块？”张三说：”哪儿呀，我是拿砖头和他换呢！”

这虽是一则幽默，但却看出吝啬之人的自私。这里，张三的自私就是由他对金钱的错误理解引发的，钱财固然能帮助我们提高物质生活水平，但金钱并不是万能的，并且对金钱过于苛刻，会破坏人类所固有的仁爱、同情之心，破坏美好的社会关系、伦理关系和道德关系，对一些社会成员造成精神及肉体上的伤害。

当然，不同的人在自私这一点上有不同的表现，有些人贪财、有些人缺乏同情心等，但无论如何，我们必须从源头上消除它，才能真正克服自己的自私心理。我们再来看下面一个案例：这些心理的形成都是有不同的自私的表现，因此，我们应当尽快地消除吝啬心理。因为如果你只懂得索取，不懂得付出的话，你永远也无法领悟成功的真谛。

巴勒斯坦境内，有两个著名的湖泊，这两个著名的湖泊各有各的特色。其中一个叫加黎利海，是一个很大的湖泊，水质清澈甘甜，可以供人饮用。因为湖底清澈无比，连鱼儿们在水中悠游的景象也清晰可见。附近的居民更是喜欢到此处游泳和嬉戏，加黎利海的四周全是绿意盎然的田园景观，因为环境清幽，许多人将他们的住宅与别墅建在湖边，享受这个如仙境的美丽景致。

另一个名为死海，也是一个湖泊，然而，正如其名，水是碱性的，而且有一种怪味道，不仅人们不敢饮用，连鱼儿也无法在这个湖泊中生存。在它的崖边，连株小草都无法生长，更别提人们选择在这里居住了。

令人好奇的是，这两个湖其实是同一个源头。后来人们发现，它们之所以会有这么大的不同，是因为一个有接受也有出；另一个则是接受后便存留起来。原来，在加黎利海里，有入口也有出口，当约旦河流入加黎利海之后，水会继续流出去，如此一来，水流不仅生生不息，也会不断地循环更换，水质自然清澈干净。至于死海则只有入口没有出口，当约旦河水流入之后，水被完全封死在海里。于是，在这个只有进没有出的湖泊中，所有的污水或废水也全部汇聚在这里，因为只知自私地保留己用，最后的结果便如它的名字，成为没有人愿意亲近的死海。

唯有不断流动更替的水才会充满氧气，如此鱼儿们才会有舒适的生存空间，为湖泊增添生命的活力。因为肯付出，加黎利海的收获，正是干净的湖水与热闹的人潮，因为它付出了，自然会得到应有的成果。至于一味地接受而没有付出的死海，结果则是贫瘠与足迹罕至。了解了这一特殊的自然现象，生活中那些自私自利的人，你还愿意做一个只愿索取不愿付出的人吗?

自控小贴士

自私自利之人往往是自我敏感性极高，以自我为中心，对社会、对他人极度依赖与索取，而不具备社会价值取向，对他人与社会缺乏责任感的人。我们每一个人，在追求成功的过程中，都要不忘时时看清自己的心灵。拥有这样的心态，那么，我们就能端正自己的行为了。

第09章

控制自我意识，独立思考方能成就自我

一位心理学家称，每个人都容易羡慕别人，因为在比较中，你总会发现比你优越的人。很多人不禁感叹，自己何时能赶上别人？于是，在这种情况下，我们会不自觉地模仿别人，甚至会让他人的言论来决定自己的行为。诚然，参考他人的意见会帮助我们减少行为的失误，但一味地从众只会抹杀一个人意欲前进的雄心和勇气，只会让自己日复一日地滞足不前，以致一生碌碌无为。为此，我们必须学会控制自我意识，防止趋之若鹜，学会独立思考，才能在未来激烈的社会竞争中处于有利地位。

破除从众心理，学会独立思考

现代社会，我们强调要创新，任何重大成果的发现，都离不开创新意识的发挥。任何一个人，只有敢于突破，敢于创新，才能有所成就。如果你是一个有从众心理的人，那么，你只能一事无成。曾有人做过这样的实验：

一群羊的前面横放一根木棍，第一只羊跳了过去，第二只、第三只也会跟着跳过去；这时，把那根棍子撤走，后面的羊，走到这里，仍然像前面的羊一样，向上跳一下，尽管拦路的棍子已经不在了，这就是所谓的“羊群效应”，也称“从众心理”。

我们再来看下面这个故事：

一位石油大亨到天堂去参加会议，一进会议室发现已经座无虚席，没有地方落座，于是他灵机一动，喊了一声：“地狱里发现石油了！”这一喊不要紧，天堂里的石油大亨们纷纷向地狱跑去。很快，天堂里就只剩下那位后来的了。这时，这位大亨心想，大家都跑了过去，莫非地狱里真的发现石油了？于是，他也急匆匆地向地狱跑去。

羊群效应就是比喻人都有一种从众心理，从众心理很容易导致盲从，而盲从往往会陷入骗局或遭到失败。羊群效应的出现一般在一个竞争非常激烈的行业上，而且这个行业中有一个领先者（领头羊）占据了主要的注意力，那么整个羊群就会不断地模仿这个领头羊的一举一动，领头羊到哪里去“吃草”，其他的羊也去哪里“淘金”。

这个效应同时告诉我们，盲目地跟随他人不一定有好结果，我们的生活需要创造力。创造力是指产生新思想、发现和创造新事物的能力。身处竞争激烈的现代社会，我们应当具有锐意变革的精神，才能使自己始终处于竞争中的有利地位。对此，我们首先要做到的就是破除自己的从众心理，学会独立思考。

曾经有一个叫魏特利的人，他经历过这样一件事：

19岁那年，他的朋友特别多。一天，有个朋友和他约好，就在周日早上，他们一起去钓鱼，魏特利很高兴，因为他还不会钓鱼。

因此，头天晚上，他先收拾好所有的装备，比如，网球鞋、鱼竿等，并且因为太兴奋，他居然还穿着自己刚买的网球鞋就上床了。

第二天一大早，他就起床了，把自己的东西都准备好，并且他还时不时地朝窗外看，看看他的朋友有没有开车来接他，但令人沮丧的是，他的朋友竟然把这件事忘记了。

魏特利这时并没有爬回床生闷气或是懊恼不已，相反，他认识到这可能就是他一生中学会自立自主的关键时刻。

于是，他跑到离家最近的超市，花掉了他所有的积蓄，买了一艘他心仪已久的橡胶救生艇。中午的时候，他将自己的橡胶救生艇充上气，顶在头上，里面放着钓鱼的用具，活像个原始狩猎人。

随后，他来到河边，魏特利摇着桨，滑入水中，假装自己在启动一艘豪华的大油轮。那天，他钓到了一些鱼，又享用了带去的三明治，用军用壶喝了一些果汁。

后来，他回忆这次的光景，他说，那是他一生中最美妙的日子之一，是生命中的一大高潮。朋友的失约教育了他，凡事要自己去做。

生活最大的危险不在于别人，而在于自身。不在于自己没有想法，而在于总是依赖别人。

那么，生活中的人们，该如何做到破除自己的从众心理呢？为此，你需要做到以下几点：

一、善于变被动为主动。

萧伯纳有一句名言：“明白事理的人使自己适应世界，不明白事理的人想使世界适应自己。”人都是在这种主动地不断调整、不断适应的过程中成长的。那些被动学习和工作的人，总是郁郁不得志。相反，那些积极上进勇于创新者，也许常有一时的困顿，但最终都能拥有一个比较辉煌的前景。

因此，你应该有主动的精神，只有主动地、积极地学习与工作，才是有效率的、创新的学习和工作。

二、敢于坚信自己。

创新能否最终获得成功，能不能相信自己很重要，有自信，相信自己正确，那么，你就敢走自己的路，就能不怕失误、不怕失败。在大多数情况下，不敢自信走“小路”的人，通常也难成为创新型人才。

三、善于学习前人的经验。

像牛顿这样的科学家，在概括自己的科学理论成果时都说，他是站在前人肩上的矮子。牛顿当然不是矮子，而是巨人，但他确实是站在前人的肩上的。没有牛顿对前人知识的学习、吸收和批判，就不可能有牛顿的科学理论创新。

四、敢于打破各种定见和共识。

要想成为一个有创造力的人，你需要：

第一，不要迷信权威。第二，不要太依赖他人，学会独立思考。第三，摒除观念思维、经验主义等主观定势，不要给自己上思维枷锁，你不仅需要敢于挑战书本的权威，也需要敢于自我否定。

五、敢于否定他人。

独立思考是否定他人、提出不同意见的前提，反过来，做到后者，你也会逐渐学会独立思考。

六、独立面对各种难题。

正如一位名人所说：“所谓成长，就是去接受任何在生命中发生的状况。即使是不幸的、不好的，也要去面对它，解决它，使伤害减至最低。所谓的成长，所谓的智能，所谓的成熟，都不过如此。”这样的人才能独当一面，成为一个自立自强的人。

自控小贴士

一个有从众心理的人是很容易人云亦云的，这种心理足以抹杀一个人前进的雄心和勇气。它还会让我们跟随他人的脚步而且只能停在别人的身后，以致一生碌碌无为。因此，如果你想获得成功，那么，从现在起，无论遇到什么，你都要学会独立思考，千万不要人云亦云。

控制自我意识，学会自主决断

有人说，成功最需要具备的一个要素就是智慧。然而，智慧从何处来？智慧的来源大致有以下三个方面：一是从你的知识而来，二是从你的经验而来，三是从自我反省而来。但无论如何，有智慧的人总是能坚持自我，有很强的自我意识，他们敢于走自己的路，不会因为路上的任何风景而分神，更不会因为别人的言论而自我动摇。

因此，任何一个渴望成功的人都要学会控制并且强化自我意识，遇事要沉着冷静，自己开动脑筋，排除外界干扰或暗示，学会自主决断。要彻底摆脱那种依赖别人的心理，克服自卑，培养自信心和独立性。有这样一个故事：

法国哲学家布里丹养了一头小毛驴，他每天向附近的农民买一堆草料来喂。这天，送草料的农民出于对哲学家的景仰，额外多送了一堆草料，放在旁边。这下子，毛驴站在两堆数量、质量和与它的距离完全相等的干草之间，可是为难坏了。它虽然享有充分的选择自由，但由于两堆干草价值相等，客观上无法分辨优劣，于是它左看看，右瞅瞅，始终无法分清究竟选择哪一堆好。于是，这头可怜的的毛驴就这样站在原地，一会儿考虑数量，一会儿考虑质量，一会儿分析颜色，一会儿分析新鲜度，犹犹豫豫，来来回回，在无所适从中活活地饿死了。

小毛驴在充足的两堆草料面前，却落得个饿死的下场，真是令人匪夷所思。可见，迟疑不定不仅对人们做出正确的行为无丝毫的帮助，还会让人们延误时机，甚至酿成苦果。实际上，除了动物以外，人类似乎也在重复这个幼稚的错误。尤其是那些自我意识不强的人，他们总会因为周围人的一些所谓的建议而踟蹰不定，最终，他们也和这头小毛驴一样一无所获，甚至付出沉重的代价。要摆脱这种苦恼，我们就要训练自己的判断力，要坚定、勇敢、自信、果断，你若一直朝着目标前进，那么，他人就一定会为你让路。而对一个摇摆不定、踌躇不前、走走停停的人，别人一定会抢到他的前面去，决不会给他让路。

我们来看看下面这个故事：

小泽征尔是世界著名的音乐指挥家。一次，他去欧洲参加指挥家大赛，在进行前三名决赛时，他被安排在最后一个参赛，评判委员会交给他一张乐谱。小泽征尔以世界一流指挥家的风度，全神贯注地挥动着他的指挥棒，指挥着一支世界一流的乐队，演奏具有国际水平的乐章。

正在演奏中，小泽征尔突然发现乐曲中出现了不和谐的地方。开始，他以为是演奏家们演奏错了，就指挥乐队停下来重奏一次，但仍觉得不自然。这时，在场的作曲家和评判委员会的权威人士都郑重声明乐谱没有问题，而是小泽征尔的错觉。他被大家弄得十分难堪。在这庄严的音乐厅内，面对几百名国际音乐大师和权威，他不免对自己的判断产生了动摇，但是，他考虑再三，仍坚信自己的判断是正确的。于是，大吼一声："不！一定是乐谱错了！"他的喊声一落音，评判台上那些高傲的评委们立即站立向他报以热烈的掌声，祝贺他大赛夺魁。原来，这是评委们精心设计的圈套。前面的选手虽然也发现了问题，但都放弃了自己的意见。

为什么小泽征尔能做到"挑战权威"，并大胆地告诉评委们"不！一定是乐谱错了"？因为他能坚持自我，有很强的自我意识。倘若他不能坚信自己的判断是正确的，和其他几位选手一样，即使发现了问题，也不敢提出来，或者放弃自己的意见，那么，在这场比赛中，他也只能和其他选手一样，被淘汰出局。

有这样一位企业领导，他有个长处，那就是不受他人干扰，即使有人在他旁边唠唠叨叨，他也能静下心来把事情完成，并且，做事干净利落，绝不拖泥带水。他那种明快果决的本领，十分使人折服。

然而，生活中的我们，却做不到这样，他们常被身边的各种问题困扰、烦心，因为我们太容易被周围人们的闲言碎语所动摇，太容易瞻前顾后，患得患失，以至于给外来的力量可以左右我们的机会。这样，似乎谁都可以在我们思想的天平上加点砝码，随时都有人可以使我们变卦，结果弄得别人都是对的，自己却没有主意，这正是我们成功途中的一个大障碍。

那么，具体来说，我们应该如何做到控制自我意识，不为他人的言论动摇呢？

一、不要总是依赖他人。

那些习惯依赖他人的人才会把听从他人的意见当成一种习惯。因此，要树立并强化自我意识，就需要我们首先破除这种不良习惯。你可以查一下自己的行为中哪些是习惯性地依赖别人去做，哪些是自作决定的。可以每天做记录，记满一个星期，然后将这些事件分为自主意识强、中等、较差三等，每周一小结。

二、要增强自控能力。

对自主意识强的事件，以后遇到同样的情况应坚持做。对自主意识中等的事件，应提出改进方法，并在以后的行动中逐步实施。对自主意识较差的事件，可以通过采取提高自我控制能力来提高自主意识。

三、独立解决问题。

要克服摇摆不定的习惯，就得在多种场合提倡自己的事情自己做。因此，生活中，你再也不要让朋友或者父母当你的贴身丫鬟了，也不要让他人帮你安排所有的事。比如，独立准备一段演讲词，独立地与别人打交道等。

自控小贴士

人性有很多弱点，比如，虚荣、自私、嫉妒、盲目，等等，其中，缺乏主见会影响到一个人一生的命运。所幸的是，这些弱点本身虽然与生俱来，很难彻底消除，但是我们自己可以想出办法来克服它们、抑制它们或者引导它们朝着有利于自我的方向发展。日常生活中，我们需要控制并强化自我意识，敢于坚持自我，决不能被他人之言动摇。

学会拒绝也是自控，别来者不拒

生活中，没有人喜欢被拒绝。同样，习惯于中庸之道的中国人，在拒绝别人时很容易发生一些心理障碍，这是传统观念的影响，同时，也与当今社会某些从众心理有关。不敢和不善于拒绝别人的人，实际上往往得戴着“假面具”生活，活得很累，而又丢失了自我，事后常常后悔不迭；但又因为难于摆脱这种“无力拒绝症”而自责、自卑。你是否曾经为以下事情伤脑筋：一个你曾经认识的人，他品行不良，但非要和你借钱，你深知，如果借钱给他，就等于肉包子打狗——有去无回；或者一个熟识的生意人向你兜售物品，明知买下也会吃亏；或者你的患难朋友，曾在你最困难的时候帮过你，现在有求于你，而你心有余而力不足，但他不相信，认为是你忘恩负义，故意不帮助他……遇到这些问题，你该怎么办？要记住，你不是神仙，也不能呼风唤雨，有求必应，该拒绝的，就必须要拒绝。如果不好意思当场拒绝，轻易承诺了自己不能、不愿或不必履行的职责，事办不成，以后你会更加难堪。

因此，如果你能学会拒绝，那么，你也就掌握了一种自控力。实际上，学会拒绝，并不是一件难事。我们先来看下面的一则案例：

陈平是一名部门主管，当初公司把他调到这个部门的时候，他就不大乐意，因为他早有耳闻，这个部门的前任主管在管理团队的时候，喜欢事必躬亲，什么都为手下安排得妥妥当当的，喜欢当老好人。部门的大事小事总是一把抓，从而导致了此部门员工没有得到很好的工作历练，因此，他们在公司所有部门员工中是能力最低的。但既然公司已经下达了指令，陈平只好硬着头皮上了，他也有志于改善部门状况。

刚报到的第一天，秘书小林就对陈平说：“主管，这之前没有做过这类的报表，你帮我做一下吧。”

听到这话，陈平觉得很诧异，做报表在公司一直都是秘书的本职工作，小林的请求实在是太过分了，他很生气，但一想到，要是第一次就这么严厉地对待员工的请求，势必会让自己在下属中留下不好的印象，因此，想了想之后，他对小林说：“不好意思啊，今天我刚来，事情太多了，等忙完这周的话，你再把数据表拿来。”

一听到陈平这么说，小林心想，这份报表周五前必须要交到公司财务部，哪里还等得到下周？于是，她只好自己去处理了。

这招果然奏效，后来，陈平用同样的方法摆平了很多下属们的请求。

上面案例中的主管陈平可谓是一片苦心，为了让下属能尽快地成长起来，他觉得让下属自己动手更有积极的意义，于是，面对秘书的工作求助，他采取了拖延的策略加以拒绝。这种心理策略很简单，对于你不想答应的请求，完全用不着下决定，用不着点头或者摇头，而只是让来请求你的人迟些再来。例如，你可以说：“我的任务现在排得满满的，你能不能两个礼拜以后再来找我？”如果这个人不错的话，他会把两星期后再来找你这件事加进自己的备忘录里。要是这人不地道，他们肯定早把你忘了。有时候如果你连着拖延两回，那个人就会放弃了。

当然，这只是拒绝他人的一种方法，具体来说，我们在拒绝他人时，还需要掌握其他一些要点：

一、态度要真诚。

我们之所以拒绝对方，多半是因为我们实在无能为力，表明难处，也是为了减轻双方的心理负担，并非玩弄“技巧”来捉弄对方。因此，拒绝他人，态度一定要委婉、真诚，特别是上级对下级的拒绝、地位高者对地位低者的拒绝等，更应注意自己说话的态度，不可盛气凌人，要以同情的态度、关切的口吻讲述理由，争取他们的谅解。而在结束交谈的时候，还应再次表明歉意，热情相送。

小张是公司的一名小领导，员工的工作他必须参与，上级领导的工作他也不能推卸，因此，他常常忙得焦头烂额。最近，他负责一项权责以外的工作，弄得是头昏脑涨。因为是第一次经手工作，不明白的地方很多，所以常在思考上花费很多时间，导致工作进度很慢。偏偏在这个时候，上司又要求他去参加拓展业务的研讨会。

小张不自觉地就用比较强烈的口气拒绝说："不行啊，我现在根本就没时间参加什么研讨会。"

上司听后，似乎心头也起了一把火，很不满地说："好吧，那从此以后就不再麻烦你了！"

显然，小张的言辞上有不妥之处。遇到这样的情况，首先要将上司的请求当作指示、命令。一道命令下来，就没有拒绝的余地。在这种背景下，如果不留余地地拒绝，上司肯定会发火，而且也让上司很没面子。这个时候，我们可以先说明一下自己的处境。一般来说，如果将自己的难处真切地说出来，上司是能体谅并且接受你的拒绝的。

二、不要伤害对方的自尊。

人都是有自尊心的。当你在拒绝别人时，一定要先考虑到对方的感受，在选用表达的词语时应准确、委婉。

三、为对方找个出路。

直接拒绝对方难免令人失望，此时，你不妨为其再指一条明路，比如，"这件事我实在没有时间帮你去办了，你不妨去找某某试试。""这份资料我这几天就要用，不过图书馆还有一份没借出去，你赶快去，应该可以借出来。"因为对方有了其他"出路"，他对你的拒绝也就不会太在意了。

总之，在拒绝他人的时候，注意以上几点会帮助我们将拒绝带来的不愉快降低到最低程度。

自控小贴士

拒绝别人或被别人拒绝，是我们每个人一生中每天都可能经历的事情。这是人生中的非常真实的一面，谁都会遇到这样的经历，朋友、同事，甚至领导来找你帮忙，但有时他们所提出的要求是你没有能力或不愿意去做的，此时，我们就要学会拒绝他们的请求。当然，拒绝并不是简单地说“不行”，而要阐明不行的理由，让对方知道你的难处，从而理解你。这样你才不会因为拒绝对方而得罪对方，也不至于影响你们之间的交情。

眼光长远，别被眼前小事影响

在生活中，我们常听老人说："做事之前就要想到后果。"其实，向前每走一步，我们都需要相应对的方法，如果不能看得那么远，至少我们需要看见一步。这就是一种远见，的确，我们做事情，不仅需要稳当、周全，而且不要急于求成，更不要被眼前的小事所累。在时机未成熟之前，我们一定要把持住自己。一个成大事的人，眼光总是比身边的人看得稍远一点。著名的美孚公司曾做了一次赔本买卖，可是，从最后的结果来看，它虽然放弃了眼前的利益，却收获了长远的发展，小利变大利、利滚利、利翻利，先前看似赔本的"买卖"，最终收获了高额的利润。这是一种商业中的计谋，也是每一个人需要的智慧。有时候，之所以需要我们学会自控，不要被眼前小事影响，其实是为了以后更长远的发展。

在近代历史中，曾国藩无疑算是一个有远见的人。在任何时候，他都不为眼前小事所累，其最终的理想抱负是"修身、治国、平天下"，誓死效忠于清廷。

1858年，在清政府的不断催促下，曾国藩第二次戴孝出山。他率领湘军，经过6年的艰苦奋战，终于攻克了金陵。这一次，宣告了太平天国运动的结束，平定了天下，而另一方面，由于湘军号称30万大军，意味着清朝的军权第一次从满人转移到了汉人手中。这时，曾国藩的名声与威望都达到了顶峰。

在弟弟曾国荃看来，这是多么兴奋的事情，大好的利益就在眼前，于是，他极力鼓动哥哥曾国藩“自立”。不仅如此，其他一些随着曾国藩出生入死的将领也一起暗示要拥立他为皇帝。究竟是继续做万人景仰的中兴名臣，还是冒着成为乱臣贼子的风险君临天下，曾国藩为此思考了很久很久。

其实，最初同治皇帝曾做出承诺，谁能解除太平天国对清朝的威胁，谁能够打下南京谁就封王。可是，等到曾国藩真的打下了南京，功高震主，又手握兵权时，同治皇帝失言了，他只封了曾国藩“一等毅勇侯”。“飞鸟尽、良弓藏”的道理，曾国藩自然明白。最后，经过思考之后，他做出了惊人的决定，自剪羽翼，遣散了湘军，忍耐一段时间之后，重新找准了自己的位置。

历史证明，曾国藩的确是一名深谋远虑之人。在当时的情况下，皇帝宝座无疑是眼前最大的利益，他完全有能力、有实力自立为王，但他却把持住了自己，没有轻举妄动，这是为什么呢？曾国藩确实很有远见，即使自己攻破了南京，但他却已经看清了当时的局势：清政府派遣了许多将领驻扎在长江，一旦自己叛乱，定会予以反击。而且，清政府开始有意识地培养自己身边的将领，分化湘军的内部力量，真的自立，那些将领绝不会与自己同谋。另外，曾国藩最初的梦想便是报效国家，而不是自立为王。所以，即便是在功成名就之后，他依然不敢享受成功带来的喜悦，而是以长远的眼光，忍耐在皇权下为官的战战兢兢。

在现实工作中，小到一个职员，大到一个公司，都需要有长远的打算。如果你只着眼于眼前的小恩小惠，那迟早有一天你将被利益所吞噬，职场生涯同时也将宣告结束。其实，即便是工作也不能含糊，对于这样一件事情也需要我们去谋算，将自己的眼光放得更长一些，不为眼前的小事所累，把持住自己，这样我们的职场之路才会走得更远。

食品公司的销售部经理离职了，这个部门经理的位置就空缺出来，虽然下面的销售人员都很不错，但被总经理提名的只有两个候选人。在周一的例行公会上，总经理就公布了这俩人的名字，并且要求他们各自在一个星期内拿出自己的市场推广方案，谁的方案最优秀就由谁来担任部门经理。小李、小张同时被列为候选人，两人平时还是好朋友，所以，这样一场竞争非常有意思，公司各部门员工对此议论纷纷。有人说小李绝对能胜任，因为他善于笼络人心；有人说小张绝对能任职，因为业绩比较突出。同时，有一个消息在办公室里炸开了锅，原来小李是经理夫人的亲弟弟，这可不得了，那失败者似乎注定了就是小张。

小张分析了其中的利害关系，心想：小李有了关系这一层，看来自己终究是失败，不过，有什么要紧呢。如果自己真的失败了，表现得大度些，努力配合小李的工作，给人留下好的印象，日后定会有高升的机会。他就这样一边想着，一边准备市场推广案。很快，一个星期过去了，两人同时把方案交到了办公室。总经理在大会上宣布了结果，懂得笼络人心的小李胜出了。小张知道自己已经失败，心情变得很坦然，鼓掌表示庆祝，似乎一点也不在意。

小李上任了，开始了管理工作。小张还是积极地跑市场，协助小王的工作，下班后，他与小李还是好朋友。公司里的人都说："小张这人真好，升职机会被好朋友抢了也不说什么。""就是啊，而且工作比以前更积极，这样踏实能干、谦虚的小伙子上哪去找啊。"三个月后，小张在朋友小李的推荐下，因业绩突出被提升为部门助理。

本来，同事小李有好的关系，这对于处于公平竞争上的两个人似乎并不公平，小张大可以因不服气而找上司闹，或者在小李胜出后故意与之作对。但是，聪明的小张却很清楚眼前的人和事，自己要想有所作为，就必须将不服埋在心里，努力配合小李的工作，在公司博得一个好名声，这样，自己的能力有了，也没得罪什么人，那高升的机会肯定会有。在这样斟酌之后，小张才将想法投入实际行动，最后，自己的目的也达到了。

然而，现实生活中，有些人却鼠目寸光，吃不得眼前亏，心胸狭隘，容不得一点损失，最终，他们难以成就大事。

可见，对于我们来说，在做每一件事情时都需要有长远的眼光，不计较眼前的小事，而是关注于长远的发展，从而达到舍小利保大局的目的。

自控小贴士

俗话说："不飞则已，一飞冲天；不鸣则已，一鸣惊人。"在既成的局面下，我们只有控制住自己，然后不断地提高自己的能力，等待机遇的到来，再迅猛出击，奋起拼搏。

自信也是自控的关键部分

生活中，人们常说："你自己永远是信任你的最后一个人——全世界没有一个人信任你了，还有你自己信任你自己。"在如今竞争日益激烈的时代，如何才能成功，如何让别人看到自己的光芒？最起码的，请从相信自己开始做起……一个自信的人，才能做到相信自己，才不会随波逐流、趋之若鹜，才能不走寻常路，最终获得成功。

自信，是建立在正确的自我认知的基础上，是相信自己能达到一种目标的表现；而反过来，自卑则是只看到自己的缺点和不足，看不到自己的优点和长处，是不相信自己、自我贬低的表现，并且自卑者很害怕失败，在与人交往时更是显得行为退缩、被动。

华裔女主播宗毓华曾说过："不要怀疑自己的才华。"她之所以能够以一名华裔女子跻身在人才济济的美国电视圈，受到大众的肯定和喜欢，就是凭借她的才华和自信。的确，只有自己相信自己，才能在挫折连连的时候努力走出自己的路，不因别人而放弃自己，就没有任何人可以放弃你，除非你先放弃了自己。

畅销书作家刘墉曾经有过这么一段经历：

他的第一本书《萤窗小语》写完之后，原本打算找出版社给他出版，但却没有得到任何回应。后来，他不得不自己花钱出版，但没想到的是，他的书却卖得很火，连当初拒绝他的出版社都跌破眼镜。

刘墉对于自己的成就，他是这样说的："幸亏他的退稿，我才有今天。"不过刘墉本人有另一个说法，他说："当你站在这个山头，觉得另一座山头更高更美，而想攀上去的时候，你第一件要做的事，就是走下这个山头。”所以，即使今天的刘墉已经成功了，但他并没有放弃自己所坚持的，也不会因别人的眼光而改变，这才是真正的自信。

的确，无论任何时候，唯有自己相信自己的才华，别人才可能相信你，自己若不放弃，别人又怎么能放弃你呢？

可见，“自信”是一种力量，是一种涵养，一种品质。只要你有自信，哪怕你身处险境，也能平静而坚强地面对一切，面对人生。然而，生活中的一些人，他们却因为自身存在的某些缺点而自卑，甚至把自己人生的主导权交给他人，不难想象，这样的人不会有什么大作为。

实际上，没有人是毫无缺点的，只是在我们的内心，这个缺点的份额的大小问题，如果我们将缺点无限制地放大，那么，它将会腐蚀我们的心，阻碍我们成功，我们就会长久地自卑；如果我们能正视一些缺点，并将缺点限制在一定的范围内，它就会成为我们努力和奋斗的催化剂，助我们成功。

家喻户晓的史蒂芬·威廉姆·霍金1942年出生于英格兰。

在他还不到20岁的时候就患上了一种不治之症——肌肉萎缩症，而且，随着时间的推移，他的自主活动能力越来越弱，到最后，他只能借助轮椅活动，并且，医生告诉他，他的下半生都极有可能离不开轮椅了。面对这样的打击，霍金并没有自暴自弃，而是继续学习和科研，一直以乐观的精神和顽强的毅力攀登着科学的高峰。

后来，霍金毕业于牛津大学，毕业以后，他长期从事宇宙基本定律的研究工作。他在所从事的研究领域中，取得了令世人瞩目与震惊的成就。

曾经，在一个学术报告上，一个女记者居然问及了一个令在场所有人都感到吃惊的问题：“霍金先生，疾病已将您永远固定在轮椅上，您不认为命运对您太不公平了吗？”

这个问题，显然是最触及霍金的神经的，也是不好回答的。当时，现场鸦雀无声，没人会知道霍金怎么回答。

霍金听完这个问题后，缓缓地将自己的头靠在椅背上，然后微笑着，用自己唯一能动的手敲打着键盘，这时，屏幕上显示出这样一段话："我的手指还能活动，我的大脑还能思维；我有我终生追求的理想，我有我爱和爱我的亲人和朋友。"

顿时，报告厅里响起了长时间热烈的掌声，那是从人们心底迸发出的敬意和钦佩。

科学巨人霍金再次向每个自卑的人证明：即使你满身缺点，你还有可以引以为豪的优点，这些优点一样可以让你自信。那些外在的缺陷你不能改变的时候，不要悲伤，也不要失望，而应该庆幸，那些成功的人并非是完人，只是因为他们能够依然微笑地面对。

那么，在人际交往中，我们应该怎样历练自己的信心呢？

一、正确地认识自己，接纳自己。

一个人要对自己的品质、性格、才智等各方面有一个明确的了解，方可在生活中获得较为满意的结果。除此之外，不要讨厌自己，不要以为自己羞怯就容忍自己的短处。一个人不要看不到自己的价值，只看到自己的不足，什么都不如别人，处处低人一等。

二、学会正确地与人比较。

拿自己的短处跟别人的长处比，只能越比越泄气，越比越自卑，有的人因为学习不好而产生"无用心理"就是这个原因。

三、做自己能做好的事。

社交活动中，每个人都在扮演着自己的角色。其实，你不必刻意地表现自己，只要你做好自己的本职工作，并且做到专注、认真，那么，你的个性魅力就会释放出来。总之，你要做好计划，要了解当下你需要做什么，然后加以实践。你没有必要非要扮演交际中的中心人物，没有必要非是伟大、不平凡的行动，只要是自己能力所及的事就足够了。

四、自我激励。

人的自信是一种内在的东西，需要由你个人来把握和证实。所以，在建立自信的过程中，一定要学会自我激励。比如，在你遇到重要的事情，需要鼓起勇气来面对时，你可以说：“我是自信的，我有实力，我的专业能力是最棒的！”

这样可以增强自己内在的信心、激发自己内在的力量，从而成功地达到你的目的。当然，这种激励只是一种临时的办法，要想长期地在自己的内心建立自信，那就需要不断地激励自己，直到形成习惯。

如果我们按照以上四点来不断地修炼自己的信心，你就会感到自信心在滋长，你在别人心中的威信也会不断地增长！

自控小贴士

自信，是一种对自己素质、能力作积极评价的稳定的心理状态，即相信自己有能力实现自己既定目标的心理倾向，是建立在对自己正确认知基础上的、对自己实力的正确估计和积极肯定。是自我意识的重要成分。我们每个人都应该在内心不断储存自信的能量，摒弃自卑心理，因为这两颗种子，会孕育两种完全不同的人生。自卑者只能自怨自艾，抱怨命运；而自信者一生所向无敌，最终收获成功。

第10章

摆脱心理依赖，克服以往形成习惯的陋习

生活中，我们每个人都或多或少有点陋习，要么是口无遮拦，要么是脾气坏，要么对烟酒有依赖心理。所谓陋习，就是不好的行为习惯，既然是习惯，就不是一日促成的。对于陋习，实际上我们是有一定的依赖心理的，我们会不自觉地去做。为此，如果我们能克服这些陋习，那么，也就在无形中提高了自己的自控力。

“管住嘴巴”是自控的第一步

生活中，我们每个人都需要与人交往、交流，这无可厚非，但有一些人，他们因为有很强的情感依赖性，在人际交往中，为了拉近彼此间的关系，他们常常对他人掏心掏肺，有点什么小秘密都藏不住，而事后他们才发现，管不住自己的嘴，会为自己带来很多不必要的麻烦。

因此，我们每个人在培养自己的自控力前，都有必要先学会管住自己的嘴巴。单纯的你是否发现，你曾经就是因为这点而遇到了一些麻烦：你原本以为对方是个知心人，当事后你才发现，他是个专门挖别人隐私并到处散播的小人；你原以为对方听你诉说是因为同情你的遭遇，谁知道，原来他是另有所图，而知晓后的你已经骑虎难下了……这样的例子太多了。因此，你若想让自己远离是非，要想拥有良好的人际关系，就必须学会三缄其口、管住自己的嘴巴。

对此，我们先来看下面一个小故事：

欣欣是一个单纯漂亮却有点懦弱的女孩子，对什么人都不怎么设防。从一所名校毕业的她顺利地找到了一份在一家艺术公司的工作，具体工作是给舞台礼服设计花样图案。她很珍惜这一份能发挥自己专业水准的工作，但工作几个月后的她发现自己的老板是个很抠门的人，每天都会看着办公室的员工干活，看见谁偷懒，就会严格地扣除工资，而他给欣欣的工资每月只有1700元，除掉房租勉强只够吃饭。因此，欣欣并不能和其他女孩一样可以大手大脚地花钱，即使想约朋友，也是把他们带回家里来，然后亲自下厨弄菜招待。

欣欣刚来公司的时候，认识了一个比她稍长一点的姐姐，因为在同一个学校毕业，而那个同事比她资深，算是个小领导，平时在公司也算对欣欣照顾，所以欣欣就死心塌地对人家好，工作中，有什么事，她都喜欢问这位姐姐，当然，对方也给了欣欣不少帮助。

有一天，那位女同事因为和男友分手，心情不好，看到欣欣在工作，便不分青红皂白地把欣欣骂了一通。欣欣虽然也生气，但知道原因后，从那同事的角度想想后，也就原谅了那个同事。次日，她还是满面微笑地招呼那位同事，就当做什么也没发生过。

而那女同事压根儿就是个小人，看见欣欣没有生气，反倒觉得奇怪："我这么对她，她居然没有一点记恨的表现，肯定是装的！"于是，这个女同事就心生恨意，准备先下手为强，将欣欣赶出公司。终于，她等到了机会。

不久两人去外地出差，客户选中了欣欣设计的几个方案，却没有挑中那同事的任何一个。欣欣还好心把样稿让一部分给那同事做，没想到对方压根不念好，更对欣欣记恨在心。

第三天，欣欣被公司一个电话提前召回，等待她的是放在桌子上的辞退通知信。她流着眼泪读信，感觉自己是不明不白地被辞退的。后来，有个心眼好的同事告诉她，原来是那位女同事在老板那儿说了坏话，说欣欣在外出差不好好干活，设计的图案一幅没被选中，还抽空溜出去玩。老板当场大怒，下令把欣欣立刻开除，其他人怎么劝也没用。

这时，欣欣才知道原来自己是被陷害了，还是被自己一直信任的人，她真是哭笑不得，她也不想解释太多，就收拾东西离开了公司。

欣欣的那位女同事，可以说简直是一个现代版的"以小人之心度君子之腹"的小人，这样的小人生活中自然不少。其实，欣欣落得如此悲惨的下场，也与她自己交友不慎有莫大的关系，她错就错在自己太单纯，对人不留一手，把饿狼当知己，到头来还被饿狼咬了一口。而她之所以会犯这样的错误，主要，源于她的依赖心理，在她看来，要想获得对方的支持和信任以及帮助，就必须向对方掏心窝子，而正是因为口无遮拦，她才付出了沉重的代价。

可见，我们每个人在与人交往时，都必须要清除自己的依赖心理，都必须要学会管住自己的嘴巴，这也是自控的第一步，俗话说得好：“逢人只说三分话，未可全抛一片心。”少说话、说对话会让我们免除很多不必要的麻烦，为此，你需要记住以下几点：

1.在你没有完全确认一件事情之前，先别急于开口，举个简单的例子，这就好比你的钱未到账之前就不是你的一样，一旦出现意外，你会很尴尬。

2.不要做是非传闻的传播者。事实上，无论是你自己的秘密还是他人的秘密，你都不应该四处散播，即使别人把这一秘密告诉你，你也应该就地消化，到你为止。

3.说话要诚恳，不浮夸。也许夸张会渲染你说话的效果，但会给对方留下说话不靠谱的坏印象，他们也很难相信你。

4.不要口无遮拦，不考虑他人的感受。在开口之前，请想想，对方是否能接受你的言辞、能接受你的说话方式？

5.不要以为在背后说他人的坏话，对方会不知道，实际上，没有不透风的墙，这些话迟早会传到他的耳朵里，那时，你会难以收场。

自控小贴士

喜欢人与人之间交往，交流必不可少，互诉衷肠，可以加深彼此的情感、拉近心理距离。但我们一定要管好自己的嘴巴，千万不要试图通过倾诉自己或者他人的秘密来赢得他人的支持和帮助，最终你会“损了夫人又折兵”。

努力克服对他人的依赖心理

人应该是独立的，独立行走，使人类脱离了动物界而成为万物之灵。我们的成长过程就应该是一个逐渐独立与成熟的过程。现代社会，我们生活中就是有些人，他们对周围的人的依赖却困惑着自己，一旦失去了可以依赖的人，他们会常常不知所措。如果你具有依赖心理而得不到及时纠正，发展下去就有可能形成依赖型人格障碍。

那些有依赖性格的人，常常有一种无助感，总感到自己懦弱无助，无能，笨拙，缺乏精力，同时还有被遗弃感。他们将自己的需求依附于别人，过分地顺从于别人的意思，一切悉听别人决定，生怕被别人遗弃。当亲密关系终结时，他们则有被毁灭和无助的体验。他们缺乏独立性，不能独立生活，在生活上多需他人为其承担责任，做任何事没有主见，在逆境和灾难中更容易心理扭曲。

其实，人生成功的过程也就是个人克服自身性格缺陷的过程。如果一个人过于依赖他人，那么，它可能影响着你未来的婚姻家庭等生活状况，同时也影响着你的人际交往、职业升迁、事业发展……因此，如果你有依赖性格，就必须从现在起，靠自己的努力克服。

从前，有一对夫妇，到了晚年才得子，高兴异常，所以对这一“老来子”十分疼爱，几乎不让孩子做任何事，这个孩子除了吃喝以外，什么都不会。就这样，很快，这个孩子长大了。

一天，老两口要出远门，担心儿子在家没法照顾自己，就想了一个办法：临行前烙了一张中间带眼儿的大饼，套在儿子的脖子上，告诉他想吃的时候就咬一口。

可是，这个孩子居然只知道吃颈前面的饼，不知道把后面的饼转过来吃。等老两口出门回来时，大饼只吃了不到一半，而儿子竟活活地饿死了。

这个故事告诉生活中所有的人，只有克服依赖心理，才具备生存的能力。“自己动手，丰衣足食”就是这个道理。

我们不难发现，社会上，有一些富家子弟，他们受到了教育的“温室效应”的毒害。教育的“温室效应”主要是指受教育者受到家庭、社会、学校，尤其是家庭方面的过分溺爱，造成他们任性固执、追求享受、独立性差、意志薄弱、责任感淡漠等弱点的社会现象。对于他们来说，消除对他人的依赖极为重要。

香港巨富李嘉诚的名字早已家喻户晓，尽管他拥有亿万家财，但对于子女的教育问题，他一直比较重视，并且，他非常注重培养孩子独立生活的能力，他这样做，是为了让孩子练就靠自己生存的本事。

李嘉诚有两个儿子，就在他们只有八九岁时，他们就遵循父亲的意思经常参加董事会，并且，他们不能只是旁听，还必须发表意见和见解。这样做的好处在于，他们能看到长辈们是如何处理公司的事务，能锻炼自己处理和分析问题的能力。

后来，他们都考上了美国斯坦福大学。毕业后，他们也曾向父亲表示想要在他的公司里任职，干一番事业。李嘉诚断然拒绝了他们的请求。

李嘉诚是这样对两个儿子说的：“我的公司不需要你们！还是你们自己去打江山，让实践证明你们是否合格到我的公司来任职。”

于是，他们都去了加拿大，一个搞地产开发，一个去了投资银行。他们凭着从小养成的坚忍不拔的毅力克服了难以想象的困难，把公司和银行办得有声有色，成了加拿大商界出类拔萃的人物。

李嘉诚教育孩子的方法无疑是正确的，父母作为孩子成长的坚实后盾，永远在孩子的身后给予他最多的支持与信任，越早放手的孩子越是父母对他们最大的爱。

从李嘉诚的教育方式中，我们也应该获得启示，凡事靠自己，形成独立的性格，才能真正成长为一个顶天立地的人。为此，如果你是一个有依赖性的人，那么，从现在起，你必须学会自控，学会独立面对各种生活问题，为此，你需要做到以下几点：

一、要充分认识到依赖心理的危害。

这就要求你纠正平时养成的习惯，提高自己的动手能力，不要什么事情都指望别人，遇到问题要做出属于自己的选择和判断，加强自主性和创造性。学会独立地思考问题，要求有独立的思维能力。

二、不要总是指望他人的帮助。

不可否认，人生在世，总要或多或少地依靠来自自身以外的各种帮助，比如，父母的养育、师长的教诲、朋友的关爱、社会的鼓励……可以说，人从呱呱坠地的那一刻起，就已开始接受他人给予的种种帮助。然而，许多人却把自己立身于社会的希望完全寄托在父母和朋友的身上。这样的人，显然不可能在生活上自立自强、在事业上有所作为。有句话说：靠吃别人的饭过日子，就会饿一辈子。

三、明白求人不如求己的道理。

面对人生的困境，你要懂得，求人不如求己。总想着依靠他人帮助的人，总想有人能在危难时搀扶你一把，你永远也无法完成任何伟大的事业。只有自主的人，才能傲立于世，才能力拔群雄，才能开拓自己的天地。潜能激励专家魏特利曾说过这样的话：“没有人会带你去钓鱼，要学会自立自主。”

四、坚持自理。

我们并不是儿童，对于生活问题，我们应该自己处理。即使你的家人希望为你代劳，你也应该拒绝，大胆地动手尝试，坚持自己动手，才能在潜移默化中培养自理能力。另外，你需要做到坚持到底，不要凭一时的新鲜做事，不能保持持久，因为自理能力不是一朝一夕就能培养成的，需要对自己进行反复的强化和持之以恒的锻炼。

五、学会独立应变生活中的一些问题。

不管做什么事，总会有一个从不会到会的过程。你可以独立地去面对一些生活中的小问题。

自控小贴士

英国历史学家弗劳德说：“一棵树如果要结出果实，必须先在土壤里扎下根。”同样，一个人首先要学会依靠自己、尊重自己，不接受他人的施舍，不等待命运的馈赠。只有在这样的基础上，才可能做出成就。

彻底戒掉对烟酒的依赖心理

生活中，我们大多数人都知道烟酒对身体的危害，但不得不承认的是，我们周围，还是有很多人每天与烟酒为伍，甚至当烟酒已经对他们的健康产生威胁时，他们还是无法放弃烟酒。这是为什么呢？因为在常年的烟酒生活中，他们已经产生了依赖心理。我们经常看到一些男士，茶余饭后往往朝沙发上一躺，继而点上一支香烟，吞云吐雾的，还美其名曰：“饭后一支烟，赛过活神仙。”在社会上，待人接物，走亲访友等社会活动，无一不是烟酒搭桥……当他们的家人问他为什么要抽烟喝酒时，他们会回答：“没办法、应酬。”其实，这都是依赖心理在作怪。当你已经习惯了吃饭时喝酒、饭后抽烟的生活后，你还能轻易地戒掉吗？因此，要想戒烟戒酒，很多时候，你需要先消除的是这种依赖心理。

其实，古今中外，有很多名人，他们对烟酒都有不同程度的癖好，但最终能戒烟戒酒的也不在少数，而他们戒烟戒酒的故事在成为后人的美谈之时，也带给人们很多的启示。以下就是名人们戒烟的故事：

乾隆戒烟：乾隆皇帝很喜欢吸烟，几乎一有空闲时间就吸烟，后来经常咳嗽，请太医治疗。太医说，皇上的咳嗽于吸烟伤肺，若要治咳，必须先戒烟。乾隆很听太医的话，戒了烟，咳嗽也很快治愈了。

严修戒烟：数十年前，我国天津南开大学的主要创办人严修至40岁时坚决戒烟，并且还提倡戒烟“先从自身戒断，而后以戒他人”宣传主张。

当然，除了戒烟以外，还有很多名人成功戒酒。无论是戒烟还是戒酒，都需要我们有很强的自控能力。因为对烟酒的依赖多半都是心理的依赖，克服心理障碍，你就能成功戒除。

那么，具体来说，我们应该如何戒除对烟酒的依赖心理呢？

一、戒烟。

我们知道，香烟中的尼古丁是危害人类健康、引发癌变的一种危害物质。然而，它也是一种能很快让人上瘾的物质，从现在起，如果你能做到以下几点，那么，你在3~4个月中就可以成功地戒烟。

1.将你曾经用过的打火机、烟灰缸以及现在正在抽的香烟都扔掉；丢掉所有的香烟、打火机、火柴和烟灰缸。

2.餐后喝水、吃水果或散步，摆脱饭后一支烟的想法。多喝水能帮助你排除体内的尼古丁，你对它的渴望也就会消减很多。

3.烟瘾来时，尽量推迟，不管你手头是否有烟，上瘾时其实往往就是那几分钟的工夫，只要熬过去就好了，你可以尝试着做深呼吸，这个动作类似吸烟，可以使你松弛些。

4.坚决拒绝香烟的引诱，经常提醒自己，再吸一支烟足以令戒烟的计划前功尽弃。

5.寻求帮助。你可以让你的朋友监督并奖励你，当你想抽烟时，让他提醒你自己不要放弃，而当自己成功戒烟一段时间后，可以让他们给你买个礼物。

6.避开吸烟环境。这点很重要，当你的朋友吸烟时，你最好离开现场，等他抽完再进行谈话，以免控制不住自己，同时，尽可能多地去禁烟场合，如电影院、博物馆、图书馆、百货商店等。

7.吃低热饮食。

可以多吃些新鲜水果、常嚼些嘣脆的蔬菜或口香糖，因为咖啡和酒类饮料会诱发烟瘾，均应避之。

8.加强锻炼。

选择任何体育活动均行，即使如饭后散步这样强度不大的活动也会帮助你消除紧张感，把思想从吸烟上转移并集中于其他事情上。

9.奖赏自己。

将过去本应买烟的钱存起来，几个月后给自己买一份别致的礼品或

漂亮的衣服，你会感觉到这更值得和有意义。

但应记住：以上措施可能会对你戒除烟瘾有一定的帮助，但真正地要戒掉烟还要靠你自己的决心和毅力。

二、戒酒。

曾经有人对酒做了一下经典的总结："酒，装在瓶里像水，喝到肚里闹鬼，说起话来走嘴，走起路来闪腿，半夜起来找水，早上起来后悔，中午酒杯一端还是挺美。"这句话鲜明地展现了酒精依赖者的心态。本来，适量饮酒，可以减轻人的疲劳，使人忘却烦恼，令人心情舒畅，增加社交活动和节日中的欢聚喜庆气氛。但是，过量饮酒，以至饮酒成瘾，不仅危及自己的健康和家庭的幸福，对社会也会造成种种危害。要彻底地戒除酒瘾，关键是当事人必须真正认识到过量饮酒的危害性，必须下决心戒酒。对此，苏轼曾写诗戒酒：

"明月几时有？把酒问青天。"这是苏轼对酒的最深切的感悟，他平日里就爱喝点小酒，但他的体质却很不适合这种物质。

被贬黄州期间，他曾发病，两眼通红，右眼几乎失明；再贬至惠州时，仍以酒为伴，又诱发痔疮，卧床两个月；三贬海南时，酒热又在不良情绪中导致痔疮，并热毒及脏，用药不灵。

幸亏有懂得养生之道的胞弟苏辙赶来看望，耐心劝慰，还特为他朗读陶渊明的《止酒》一诗，恳劝其从此戒酒。

感动中的苏轼，立马写下《和陶止酒》一诗。诗中云"从今东坡室，不立杜康祀"。自此，苏轼除了留下一个荷叶杯作纪念外，其余多年积存的酒具，通通卖掉。

自控小贴士

如果你想成为一个让人敬重的人，如果你想成大事，就一定要有毅力，毅力就是从控制自己的口腹之欲开始的，如果你是个对烟酒有依赖心理的人，那么，你必须要有坚强的毅力戒除它。

调整心态，自控你的坏脾气

哲人说，太阳底下所有的痛苦，有的可以解决，有的则不能，如有就去寻找，如无就忘掉它。我们知道，天有不测风云，人有旦夕祸福，我们应该学会承担生活的不如意，而不是一遇到事就发脾气。当然，每个人都有脾气，因此，控制自己的脾气也需要一个过程，每个人的自控能力不是一下子就能形成的。坏脾气自控，需要我们从调整心态开始。

的确，有时候，有些事，调整一下心态，一切就会不同。

从前，有一对孪生姐妹，姐姐嫁给了一个有钱人，过上了锦衣玉食的生活，但她似乎并不快乐。妹妹则嫁给了一个豆腐作坊的穷人。有一天，闲来无事的姐姐想去看看妹妹过得怎么样。来到妹妹家，她看到妹妹正在辛勤劳作，但却唱着歌儿。姐姐恻隐之心大发，说："你这样辛苦，只能唱歌消烦，我愿意帮助你，让你们过上真正快乐的生活，谁让我们是姐妹呢？"说完，她放下了一大笔钱，送给妹妹。

这天夜里，姐姐回到家后，躺在床上想："妹妹不用再这么辛苦地做豆腐了，她的歌声会更响亮的。"

第二天一早，姐姐又来到作坊，但却听不到妹妹的歌声了。她想，妹妹可能激动得一夜没睡好，今天要睡懒觉了。

但第二天、第三天，还是没有歌声。姐姐好奇怪。就在这时，妹妹拿着姐姐给自己的钱，着急地对姐姐说："我正要去找你，还你的钱。"

姐姐问："为什么？"

"没有这些钱时，我每天做豆腐卖，虽然辛苦，但心里非常踏实。

每天晚上，能和丈夫、孩子一起数今天赚了多少钱。而自从拿了这一大笔钱，我和丈夫反而不知如何是好了——我们还要做豆腐吗？不做豆腐，那我们的快乐在哪里呢？如果还做豆腐，我们就能养活自己，要这么多钱做什么呢？放在屋里，又怕它丢了；做大买卖，我们又没有那个能力和兴趣，所以还是还给你吧！”

姐姐非常不理解，但还是收回了钱。第二天，当她再次经过豆腐坊时，听到里边又传出了小夫妻俩的歌声。这时，她似乎知道为什么妹妹过得比自己幸福了。

听完这个故事，可能也有些人有所感悟，的确，金钱、权利、地位都不是我们幸福的源泉，换个思维方式，专注、体会身边的幸福生活，并不断感悟，我们的幸福指数才能不断上升。

美国的一位心理专家说：“我们的恼怒有80%是自己造成的。”而他把防止激动的方法归结为这样的话：“请冷静下来！要承认生活是不公正的，任何人都不是完美的，任何事情都不会按计划进行。”

意大利著名的皮衣商安东尼·迪比奥谈到自己成功的经验时不无感慨地说：“其实，我并不是一个天生的成功者，许多人都比我更聪明、更有才华。我唯一比他们强的只不过是我更容易控制自己的情绪罢了。我很冷静，从不为那些情绪化的事情浪费时间和精力——我的意思是说，我享受不起那种感伤。”

然而，现实生活中，却有一些人特别容易情绪化，遇喜则喜，遇悲则悲，如遇不满，甚至破口大骂，很多不文明的举动相继爆发出来，形象全无。事实上，日常工作和生活中，令我们生气的事实在太多，我们根本没必要去愤怒，我们大可以把关注的视角放在事物的另外一个方面，对这一方面的联想往往能使我们心平气和下来，长此以往，你便能修炼良好的心性。所谓的心性，就是一个人的善恶成分，好与坏，正确与错误，如何判断自我与外界关系的一种综合反映。

事实上，心性好坏与否，对于他人而言所产生的影响力倒是次要的，它最严重的是对个人心态的影响。而个人心态直接影响的是个人的命运、成败得失、是否幸福等。

心性健康的人，他们的眼里都是美好的事物，比如，阳光、欢乐、温暖、健康，当他们遇到危险的时候，他们会有回避的能力，因此，他们有意愿并且有能力把日子过得顺心，就是遇到挫折，也能自我调整，能较自然地处在一种对事物的全面理解中。相反，那些心性不好的人，很明显，因为他们关注的视角不同，他们的生活是不幸福的。

具体来说，你可以这样做：

一、积极的语言暗示。

日常生活中，我们运用语言的情况多半是与人交谈，其实，语言还有其他很多的功用，其中就包括心理暗示，语言暗示对人的心理乃至行为都有着奇妙的作用。

为此，当你心有不快，想要通过发火的方式来发泄时，你可以通过语言的暗示作用来调整自己，以使自己的不快得到缓解。达尔文说过：“人要是发脾气就等于在人类进步的阶梯上倒退了一步。愤怒是以愚蠢开始，以后悔告终。”比如，你的朋友做了伤害你的事，你很想找他理论，并将他骂一顿，那么，此时，为了不让事情发生严重的后果，你在冲动前可以告诉自己：“千万别做蠢事，发怒是无能的表现。发怒既伤自己，又伤别人，还于事无补。”在这样的一番提醒下，相信你的心情会平复很多。

二、放松、调整自己。

生活中，你总是会遇到一些令你不快的事，憋在心里只会让自己心情更郁闷，此时，你可以找个发泄的方式，但一定要注意你的发泄是否会影响到他人。因此，最好的方法就是到一个无人的地方大喊几声，或者去从事一些体力劳动、去操场锻炼身体，当你的这些心理压力通过身体上的能量转换成汗水以后，你的心情就会好很多，气也就顺些了。当你生气的时候，你可以拿出你的小镜子，看看生气时候的你是多么难看，那么，不如笑笑，我笑，镜中也笑，那么，怨恨、愁苦、恼怒也就没有了。

另外，你可能会认为，一个坚强的人就应该始终不能哭，因为哭是懦弱的，其实并不是如此，在过度痛苦和悲伤时，哭也不失为一种排解不良情绪的有效办法。哭不仅可以释放身体内的毒素，还能释放能量，调整机体平衡。在亲人和挚友面前痛哭，是一种真实感情的爆发，大哭一场，痛苦和悲伤的情绪就减少了许多，心情就会痛快多了。流眼泪并非懦弱的表示。所以你该哭当哭，该笑当笑，但要把握好一个度，否则会走向反面。

三、自我激励，原谅对方。

激励是人们精神活动的动力之一，也是保持心理健康的一种方法。当周围的人让你生气时，你不妨自我激励，告诉自己，如果我原谅他了，我的品质又提升了一步。自然就压制住了要发火的倾向。

四、创造欢乐法。

心绪不佳，烦恼苦闷的人，看周围的一切都是暗淡的，看到高兴的事，也笑不起来。这时候如果想办法让自己高兴起来，笑起来，一切烦恼就会抛到九霄云外了。笑不仅能去掉烦恼，而且可以调解精神，促进身体健康。

自控小贴士

每个人都有不良的情绪，都有坏脾气，这很正常，但对于这一陋习，我们要学会调控，那些自控能力差的人多半都会选择宣泄自己的坏脾气，久而久之，他们就会赶走身边所有的朋友。当然，对于坏脾气，我们也不能压抑在心中，正所谓“堵不如疏”，调整一下心态，我们看到的就是完全不同的世界。

管住你的大脑，别只是“做梦”

我们知道，将任何有意义的事情做好，是成功的预示。因为你比别人多付出，你在实际工作中也比别人想得更周到。成就绝非朝夕之功，凡事必须从小做起，只要有意义。那么，生活中的任何一个人，都要抛弃所有的借口。记住：你不会一步登天，但你可以逐渐达到目标，一步又一步，一天又一天。别以为自己的步伐太小，无足轻重，重要的是每一步都踏得稳。

然而，我们的生活中，却有一些人，他们习惯于做白日梦，对于未来，他们想得多，做得少；激动得多，行动得少。并且，他们已经产生了一种陋习，一种依赖心理。他们管不住自己的大脑，总是无恒心，见异思迁，心绪不宁，总想不劳而获，成天无所事事，脾气大，忧虑感强烈。为此，你一定要克服这一心理，让自己的心沉静下来。

大哲学家苏格拉底有着非同常人的智慧，为此，很多人都来向他求教。

一天，一名学生问他：“老师，我也想成为和您一样的大哲学家，但我怎么样才能做到呢？”

苏格拉底说：“很简单，只要每天甩手300下就可以了。”

有的学生说：“老师，这太简单了，别说是甩手300下了，就是3000下、30000下也可以啊！”苏格拉底笑了笑，没有说话。

一个月过去了，苏格拉底问：“那么，有多少同学每天坚持甩手300下啊？”很多学生都骄傲地举起了手，大概有90%的人。

又一个月过去了，苏格拉底又问：“还有多少同学在坚持啊？”这回比上次少了10%的人。

时间一天天地过去了，一年以后，苏格拉底还重复着当年的问题："还有同学在坚持每天甩手300下吗？"此时，大家都低下了头，因为他们都没有做到，这时，一个同学举起了手，他的名字叫柏拉图，他后来也成为像苏格拉底一样的大哲学家。有人问他成功的秘诀是什么，柏拉图微笑着说："甩手，而且甩得足够久……"

这个哲理故事同样告诉生活中的每一个人，无论做什么事，如果你想成功，就要脚踏实地，从小事做起，没有人生下来就是伟大的人。每天坚持做同一件小事也很不容易，就像每天甩手300下，一个月大部分人能坚持，一年过去了却只有一个人能坚持，只有学习柏拉图这种坚持不懈的精神，才能成为像他和苏格拉底一样做成大事的人。当你认真地对待每一件小事，你会发现自己的人生之路越来越广，成功的机遇也会接踵而来。

一位自考毕业的男孩去应聘一家外贸公司的经理秘书。但是，公司却给他安排了一个行政部文员的职位。男孩想了一下，觉得只要自己耐心做好文员的工作，一样很好。于是，他就答应了。男孩的工作是负责接待客人和复印、打印等琐事。同事们总是把一些需要复印和打印的文件一股脑儿地堆在男孩的桌子上，然后告诉他哪些需要复印、哪些需要打印、每种各需要多少份。男孩总是耐心地记录着各种要求，然后仔细地去做。

有好几次，由于男孩的认真检查避免了公司的损失。因此，男孩真的被提拔为经理秘书了。

他是这样对人说的："工作虽然简单，但是只要有超凡的耐心和细心，就会取得成功。"生活中的年轻人，倘若你也能如此，具备这样的忍耐力，你也能在平淡中积聚实力，最终实现自己人生的腾飞。正如一句名言所说："一个人如果想要获得成功，就必须要付出与之相应的自我牺牲。如果期望的是较大的成功，就需要付出较大的自我牺牲。如果还想取得更大的成功的话，那就意味着更大的自我牺牲。"

我们每个人，都有自己的梦想，都希望做出一番成绩来，但现实告诉我们，必须要从最基础的工作做起。这对于那些喜欢做白日梦的人来说，无疑是更高层面的挑战。艾森豪威尔说：“在这个世界上，没有什么比‘坚持’对成功的意义更大。”的确，世界上的事情就是这样，成功需要坚持。雄伟壮观的金字塔的建成正是因为它凝结了无数人汗水的结晶；一个运动员要取得冠军，前提就是必须要坚持到最后，冲刺到最后一瞬。如果有丝毫之松懈，你就会前功尽弃，因为裁判员并不以运动员起跑时的速度来判定他的成绩和名次。

那么，我们应该如何做到脚踏实地呢？有以下几点：

一、比较时要知己知彼。

“有比较才有鉴别”，通过比较，人们能看到真实的自己，但即使比较，一定要知己知彼，只有做到从多方面比较，才能看的全面，否则，你得到的结果就是虚假的。如果人们都能这样比，那么，自然就少了很多不平衡的心理，也就不会感到无所适从。

二、要有务实精神。

务实其实就是脚踏实地，不浮躁，只有打好基础知识，你才能开拓，否则，一切都是花架子。

三、遇事要善于思考。

考虑问题应从现实出发，而不能凭意气用事，学会站在全局的角度看问题，你就能看得远，寻找出最好的解决方法。

自控小贴士

我们任何一个人，要想获得成功，就要秉持着今天要比昨天好、明天还要比今天进步的态度，每天实实在在地去努力。我们生存的目的与价值，不就存在于那努力不懈地付出、脚踏实地的行动，以及兢兢业业的求道中吗？对于一去不复返的人生，也不能有丝毫浪费，要以诚恳认真到“异常”的方式去度过。这种看来傻得可以的生活态度，如果能长期坚持下去，任何一个平凡的人也能蜕变成超凡的人物。

第11章

自控力培养，收获受益一生的好习惯

心理学巨匠威廉·詹姆士说："播下一个行动，收获一种习惯；播下一种习惯，收获一种性格；播下一种性格，收获一种命运。"习惯的力量是伟大的，它直接关系到我们人生的成败，所谓成也习惯，败也习惯，然而，一个好的习惯的培养是需要一定的过程的。心理学行为主义学派认为，一个习惯的培养平均需要21天左右，只要我们认真去做，就等于说我们吃了21天的苦，却得到了一辈子的甜，这是一个很值得和很高效的事情。因此，我们不妨制订出一个切实可行的计划，坚持21天，那么，我们就能获得受益一生的好习惯。

坚持21天，就能改变你的意识

俗话说，“习惯形成性格，性格决定命运。”好习惯是后天培养出来的，坏习惯也是可以改变的。生活中的每一个人，都应该以独具的敏锐的洞察力来审视自己的习惯。我们要相信一点：坏习惯是可以改变的。改变了你的那些瑕疵，你的命运也会如美玉般透亮。那么，怎样培养一个好的习惯呢?

有专家说：“养成习惯的过程虽然是痛苦的，但一个好习惯的养成，将是我们终生的财富。因此，短时间暂时的痛苦，又算得了什么?根据西方人文科学家研究，一个习惯的培养平均需要21天左右，只要我们认真去做，就等于说我们吃了21天的苦，却得到了一辈子的甜，这是一个很值得和很高效的事情。此外，任何一个习惯一旦养成，它就是自动化的，如果你不去做反而会感觉很难受，只有做了才会感觉很舒服。”因此，关于好习惯的培养，我们不妨给自己订一个计划，然后用日程本记下自己执行计划的过程。那么，21天后，你将养成好习惯，坚持21天，你就会成功。坚持21天，就能改变你的意识，影响你的行为，为你带来超乎想象的成功。你又何乐而不为呢?

那么，我们应该养成哪些好习惯呢?

一、变懒惰为勤奋。

在人生的征途中，勤奋是成功的必要条件之一，与此相对应的懒惰自然就成为成功的大敌。懒惰带来的“自我击败感”。这种意识常常导致抑郁、消沉、烦恼、妄自菲薄等种种不良的情绪，它可以使人斗志涣散、精神沮丧，使人感到沉重的精神压力。因此，如果你是个懒惰的人，不妨做出以下改变：

不要天天叫外卖；学几道小菜，闲暇时做给自己吃；每天整理干净再出门，不要给人邋里邋遢的感觉。工作中，变被动为主动，积极起来；每天坚持学习……

二、养成读书的习惯。

多读书最大的好处是可以增长知识、陶冶性情、修养身心，坚持不懈地读书学习，便会懂得人生的真谛，充满对美好生活和光明未来的热爱和向往；就会树立自己的理想和自己奋斗的目标，因而就会有终生不衰的前进动力，就会使自己的精神世界得到充实，思想境界得到提高，道德情操得到陶冶。

三、充满活力，动起来。

身体是生活的本钱，运动也要养成一种习惯。当然，这都需要你的坚持。在这21天的前段时间里，你可能会产生懈怠的情绪，但这期间，如果你能鼓励自己，坚持21天，你就会发现，运动让你充满了活力。

四、积极乐观。

乐观是一种后天技巧，学习乐观有很多种方法。你注意过自己的走路姿态吗？你抬头走路，还是低头走路呢？很多人都是迈着缓慢的小碎步低头走路的。这样的人大部分很悲观。要改变自己，先从走路姿势开始。

第一，要纠正自己的身体，昂首挺胸，大步快速地走路。

第二，改变自己的语调，让声音欢快、充满能量。

第三，用快乐的字眼，用“挑战”代替“问题”，遇到“损失”的时候，想想这也许是个“机会”。积极的想法和行为都会对大脑产生积极的影响，发出快乐的信号。不过达到上述改变，一定要耐心一些，也许要4~6周的时间才会见效。

五、尝试新事物。

你想过吗？学种乐器，学打网球，学习滑雪……尝试一下吧。如果其中的一种让你感到快乐，那就再试试别的。因为经历丰富的人更容易保持积极的心态。积极情绪和消极情绪的最佳比例是3：1，如果达到1：1的话，很可能导致焦虑和抑郁。

六、学会倾诉。

无论好事坏事，谈论一下都能让人快乐，即使是在电话里。倾诉的过程可以影响人的记忆，也就是说，倾诉一段不好的经历，可以让这段不愉快的回忆更快消失。如果有很多不同的倾听者，这种方法最奏效，也就是说，对不同的人重复进行倾诉会让你忘记烦恼，快乐起来。

七、微笑。

微笑吧，笑一下不会伤害你。微笑会让你更快乐。无论遇到什么事情，当时如果笑一下，感觉会好得多。微笑，会让机会出现在你的身边。

八、经常喝水。

我们每个人都应该认识到喝水的重要性，特别是在早晨，醒来之后喝上一杯水不仅可以帮你醒肤，还可以滋润肠道，有助于一天的排泄。而且勤喝水有助于新陈代谢，帮助排除体内积累的毒素。洗澡前也不要忘记喝上一杯水，可以补充由于洗澡过程中流失的水分。

当然，任何习惯的改变和形成都是艰难的，但只要我们经历一段时间，一旦习惯形成后，它就会成为一种自动化的、下意识的行为反应了。举个很简单的例子，每天早上出门前，我们都需要穿鞋，穿鞋时，你习惯上不是先穿右脚就是先穿左脚。在系鞋带时，你的习惯要么是把右手的鞋带从左手的鞋背后绕过来，要么就是反着绕。那么，明天早晨，你不妨反过来做，在穿鞋前，你先想好今天该怎么做，然后，你会有意识地进行改变，21天后，新的系鞋带的习惯就形成了。

你可以以系鞋带为出发点，每天早上，提醒自己：在这一整天里都要改变其他的习惯性思考、感觉与行为；在系鞋带时对自己说："今天我以一种新的、更好的方式开始。"然后，一整天内都有意识地下这样

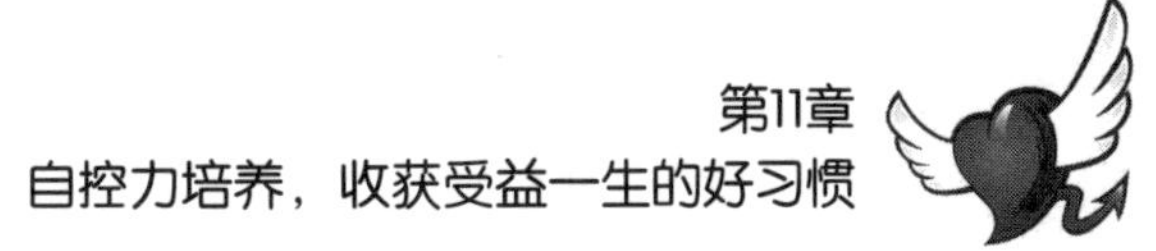

的决心。

总之，没有改变不了的习惯，只有你不想改变的习惯。没有改变不了的性格，只有你不想改变的性格。这些，只需要你坚持21天！

自控小贴士

改变是艰难的。因为那些已经形成习惯的行为是我们所熟悉的思想和感情而引发的，要改变它们，我们会本能地加以抗拒，尽管我们也承认自己身上的那些习惯是有害的。因此，它必须是一个渐进的过程。如果我们试图在一夜之间获得成功，那么，我们将只会再一次面临失败。那么，给自己21天的时间吧，坚持21天，你会发现，你已经成功改造了那些阻碍你成功的习惯了。

重视细节，积少必然成多

有人说：“好习惯成就好人生！”如果把人生比作金字塔，构成金字塔的恰恰是每件小事及做事的细节，而这就是习惯。老子曾说：“天下难事，必做于易；天下大事，必做于细”，它精辟地指出了想成就一番事业，必须从简单的事情做起，从细微之处入手。一心渴望伟大、追求伟大，伟大却了无踪影；甘于平淡，认真做好每个细节，学会积累，伟大却不期而至。这也证明了点滴细节孕育出巨大成功这一道理。也就是说，任何一个渴望成功的人，都必须有重视细节的习惯，从细节着手，关注生活中的每个细节。认真做事只是把事情做对，用心做事才能把事情做好。在这个细节制胜的时代，任何一件事都是做出来而不是喊出来的。

20世纪60年代，在美国兴起了众多的零售商店，经过40多年的争斗搏杀，沃尔玛从美国中部阿肯色州的本顿维尔小城崛起，到目前为止，沃尔玛商店总数达到4000多家，年收入2400多亿美元，列全球500强首位，创造了一个又一个神话。沃尔玛几十年来蒸蒸日上，而且不断扩张。沃尔玛成功的秘密就在于它注重细节，从细节中取胜。比如，每个沃尔玛人都必须做到以下三点：

1.“视纸如命”。

在沃尔玛，无论是店员还是管理层，都很节约，他们从来没有专业用的复印纸，都是废报告纸的背面；除非重要文件，沃尔玛从来没有专业打印纸；沃尔玛的工作记录本，都是用废报告纸裁成的。

有一天，沃尔玛总裁山姆·沃尔顿闲来无事，就到一家店面看看销售情况。不经意间，他看到一位店员正在给顾客包装商品，随手把多余的半张包装纸、长出来的包装绳子扔掉了。山姆·沃尔顿微笑着对店员说：“小伙子，我们卖的货是不赚钱的，只是赚这一点节约下来的纸张和绳子线。”

2.不论你是总裁，还是经理，繁忙时都是店员。

在美国，人们平时很忙，一般时间都用在工作上，而只有到周末或者公假时间，才有时间出来购物。所以，一到这些假日，沃尔玛就会迎来客流高峰。几乎所有的沃尔玛店面都感觉人手不够。这时，沃尔玛从运营总监、财务总监、人力资源经理及各部门主管、办公室秘书，都换下笔挺的西装，投入到繁忙的商场之中，去做收银员、搬运工、上货员、迎宾员……

3.注意顾客需要的细节。

沃尔玛开业之初不在任何一个超过5000人的城镇上设店，保障以绝对优势成为小城镇零售业的支配者。沃尔玛的创始人山姆·沃尔顿说：“我们尽可能地在距离库房近一些的地方开店，然后，我们就会把那一地区的地图填满；一个州接着一个州，一个县接着一个县，直到我们使那个市场饱和。”从20世纪80年代末到90年代初，沃尔玛开始进军都市市场。

沃尔玛的成功，我们可以归结为两个字：细节。我们身边有很多人，不屑于做具体的事。殊不知能把自己所在岗位的每一件事做成功、做到位就很不简单了。不要以为董事长比普通职员好当。有其职就有其责，有其责就有其忧。如果力不及所负，才不及所任，必然祸及己身，导致混乱。所以，重要的是做好眼前的每一件小事。所谓成功，就是在平凡中做出不平凡的坚持。

重视细节，这不仅是一种好习惯，更是帮助我们实现卓越的最好方法，因为这是一个积累的过程。当然，你需要从今天开始，摒弃对小事无所谓的恶习才行。事实上，会利用机会的人，往往不是那些把机会奉为神明的人，他们从没把希望寄托在机遇上，他们知道，大事业是从小处开始的，他们明白，一砖一木垒起来的楼房才有基础，一步一个脚印才能走出一条成功的道路。

塑造自我的关键是甘做小事，塑造自我不能一蹴而就，而是一个循序渐进的过程。成功是由一个个小目标达成的，一次次小进步累积而成的。一个人要有伟大的成就，就必须天天有些小成就。要做好点滴的积累，你需要明确以下几点：

一、相信自己，正视开端。

任何大的成功，都是从小事一点一滴累积而来的。没有做不到的事，只有不肯做的人。想想你曾经历过的失败，当时的你真的用尽全力试过各种办法了吗？困难不会是成功的障碍，只有你自己才可能是一个最大的绊脚石。

二、扎实的基础是成功的法宝。

很多人不满意现在的工作，羡慕明星、大款或者成功人士，不安心本职工作，总是想跳槽。其实，没有十分的本领，就不应有妄想。我们还是多向成功之人学习，脚踏实地，做好基础工作，一步一个脚印地走上成功之途。

三、实干才能脱颖而出。

那些充满乐观精神、积极向上的人，总有一股使不完的劲，神情专注，心情愉快，并且主动找事做，在实干中实现自己的理想。

四、用心做事，尽职尽责。

以积极主动的心态对待你的工作、你的公司，你就会充满活力与创造性地完成工作，你就会成为一个值得信赖的人，一个老板乐于雇用的人，一个拥有自己事业的人。

五、对待小事也要倾注全部热情。

倾注全部热情对待每件小事，不去计较它是多么“微不足道”，你就会发现，原来每天平凡的生活竟是如此充实、美好。

的确，没有人生来就是伟大的，没有人可以不做小事就直接做大事，就像走路，每一小步看起来是那么不起眼，但走的久了，你会发现自己居然走过那么长的路途！那么，你还等什么呢？从现在开始，从小事做起，并且坚持，一步一个脚印，最后成功一定会属于你！

自控小贴士

心理学巨匠威廉·詹姆士说："播下一个行动，收获一种习惯；播下一种习惯，收获一种性格；播下一种性格，收获一种命运。"所以，习惯决定着你的活动空间的大小，也决定着你的成败。养成重视细节、重视积累的好习惯会使成功不期而至。

先从短小的目标开始，积累自信

古人云："凡事预则立，不预则废。"大到国家，小到个人，做事都必须要有计划性，只有做到缜密行事、步步为营，才能让成功多一份胜算。同样，我们若想养成一个良好的习惯或者改掉一个恶习，也要做好计划，毕竟任何习惯的养成都不是一蹴而就的。当然，制订计划的时候，我们应当先设定一个短小的目标，当我们完成了这一阶段的目标后，才有信心继续向更好阶段的目标挑战。我们先来看下面一个减肥成功者是怎么养成运动的习惯的：

"我曾经是个200斤的胖子，肥胖带来的苦恼实在太多了，我常常买不到合适号码的衣服，我上公交车，大家都用异样的目光看着我，而让我印象最深的一件事，有一次，我得了阑尾炎，疼得厉害，爸妈打了急救电话，来个几个年轻的女护士，她们要把我抬上救护车，但我太胖了，女护士们根本抬不动，我躺在担架上，被折腾了好久……自打这件事后，我告诉自己，无论如何，一定要减肥，这样胖下去实在太苦恼了。我也明白，对于一个200斤的大胖子来说，立即减成一个苗条的人并不大可能，于是，我给自己制订了一个运动减肥计划。在第一个月的每天，我运动一个小时，每天不吃零食；第二个月，每天运动一个半小时……刚开始的几天，我觉得每天锻炼一个小时都很吃力，因为我以前是个连走路都会大喘气的人，不过我还是坚持下来了，第一个月结束的时候，我去称了下体重，我居然减了二十多斤，这实在太神奇了。就这样，我继续完成了接下来的两个月的锻炼计划。现在，我身上的肥肉已经都不见了，而且最重要的是，我已经养成了锻炼身体的习惯……”

其实，和锻炼身体一样，养成任何一个好习惯、戒除一个坏习惯，都不能急于求成。我们可以先为自己定一个可以轻易实现的目标，这个目标的实现能增强我们的自信心，帮助我们成功地克服更高的难题。

具体来说，这需要我们做到以下几点：

一、树立的目标是可操作的、具体的，而不是模糊的、抽象的。

比如，你不能告诉自己，我要变得勤奋起来，而是要具体点：我要在九月一日之前打扫和整理我的车库。

二、树立的目标应该是务实的，而不是不切实际的。

你要学会从小事开始养成习惯，而不要异想天开、过于理想化，你可以选择一个能接受的最低目标。比如，你不能告诉自己，我决不再拖拖拉拉，而应该把目标具体化：我会每天花一个小时来学习数学。

三、将你的目标分解成短小具体的目标。

每一个小目标都要比大目标容易达成，小目标可以累积成大目标。你不应该告诉自己：我打算写份报告，而是：我今晚将花半小时设计表格。明天我将花另外半小时把数据填进去，再接下来的一天，我将根据那些数据花一个小时将报告写出来。

四、处理好时间问题。

你可以问问自己：这个任务事实上将花去我多少时间？我真正能抽出多少时间投入其中？不是“明天我有充足的时间去做这件事”，而是“我最好看一下我的日程表，看看我什么时候可以开始做”。“上次那件事花的时间超出了我的预期”。

五、只管开始做。

不要想一下子做完整件事情，每次只要迈出一小步。记住：千里之行，始于足下。不是“我一坐下来就要把事情做完”，而是“我可以采取的第一个行动是什么”。

六、利用接下来的15分钟。

任何事情你都可以忍受15分钟。你只能通过一次又一次的15分钟才能做完一件事情。因此，你在15分钟内所做的事情是相当有意义的。不是“我只有15分钟的时间了，何必费力去做呢”？而是“在接下来的15分钟内，这件事的哪个部分我可以上手去做呢”？

七、对困难和挫折做好心理准备。

当你遭遇到第一个（或者第二、第三个）困难时，不要放弃。困难只不过是一个需要你去解决的问题，它不是你个人价值或能力的反映。不是“教授不在办公室，所以我没办法写论文了”。“我想去看场电影”。而是“虽然教授不在，但是我可以在他回来之前先列出论文提纲”。

八、可能的话，将任务分派出去。

你真的是能够做这件事的唯一人选吗？这件事情真的有必要去做吗？记住：没有人可以什么事情都做——你也是。不是“我是唯一一个可以做好这件事的人”，而是“我会给这件事找个合适的人来做，这样我就可以去做更重要的事了”。

九、保护你的时间。

学会怎样说不，不要去做额外的或者不必要的事情。为了从事重要的事务，你可以决定对“急迫”的事情置之不理。不是“我必须对任何需要我的人有求必应”，而是“在工作的时候，我没必要接听电话。我会收看留言，然后在我做完事情后再回电”。

十、留意你的借口。

不要习惯性地利用借口来拖延，而要将它看做是再做15分钟的一个信号。或者利用你的借口作为完成一个步骤之后的奖赏。不是“我累了，或者是我饿了、累了、很烦躁等，我以后再做”，而是“我累了，所以我将只花15分钟写报告，接下来我会小睡片刻”。

十一、奖赏你一路上的进步。

如果你实现了初步的计划，那么，你就应该奖赏自己，当然，你更应该关注自己的努力，而不是结果。比如，你可以奖励自己看部电影。

自控
小贴士

在养成某种习惯的过程中，很多人表现出了急躁的毛病，事实上，任何一件事，从计划到实现的阶段，总有一段所谓时机的存在，也就是需要一些时间让它自然成熟。如果我们想一步登天的话，那么，就会遭到破坏性的阻碍。因此，无论如何，我们都要有耐心，你可以暂时为自己制定一个可实现的短小的目标。

一日之计在于晨，从早晨睁眼就开始努力

我们知道，习惯的力量是惊人的，它可以让你做出令人吃惊的事情。一旦某种行为变成了习惯，当你重复这种行为时，会感觉很顺畅；当你做出违背习惯的行动时，你会觉得十分不痛快。好习惯、坏习惯都如此，可是有一句话："学好难，学坏易。"当你养成坏习惯，想改掉它是一件需要下功夫的事情。同样，养成好习惯也是如此。如果你放弃了，那么，这证明你的自控力不强。

行为心理学研究表明：21天以上的重复会形成习惯；90天的重复会形成稳定的习惯。即同一个动作，重复21天就会变成习惯性的动作；同样的道理，任何一个想法，重复21天，或者重复验证21次，就会变成习惯想法。所以，一个观念如果被别人或者自己验证了21次以上，它就一定变成了你的信念。也就是说，在21天内，如果你能控制住自己，那么，你就能成为习惯的主人，而如果你无法控制住自己的行为，你就会功亏一篑。

因此，如果你是个意志力坚强的人，你就应该在晨起的那一刻开始告诉自己：今天我要继续努力，坚持下去，我就能成功。我们先来看玛丽是如何养成冥想的习惯的：

玛丽是五个孩子的母亲，全职在家照顾孩子和家庭。曾经，她经历过一些不寻常的事，因此，曾经一度，她都在噩梦中醒来。玛丽患有严重的风湿症，特别痛苦。与此同时，为了重新探索自己的信仰与生命目标，她陷入了苦苦地挣扎之中。

因为接二连三地发生了一些事情，所以玛丽的朋友建议她可以写一些东西，以宣泄自己内心的痛苦。开始的时候，玛丽对朋友的建议持质疑的态度，毕竟这对她来说是一件极为不寻常的事。不过，最终她还是采纳了朋友的建议，开始练习写作。

每天早上醒来的时候，她都清晰地记得自己晚上做了哪些梦，于是，她赶紧提笔写下来。当她写完以后，她这一天的心情就好多了。随着练习的时间越来越长，玛丽进步很快，渐渐地打开了自己，迎接灵性的成长。与此同时，她还日益感受到在奋斗与挣扎中寻找到爱、信心和勇气。

终于有一天，玛丽发现，自己已经习惯了写作的日子，曾经那些所谓的痛苦也已经不再缠绕自己了，她的写作功底也得到了他人的认同。她的内心日益充实丰盈，充满了爱、灵性和力量。通过自己的笔端，玛丽把自己的所得毫无保留地传递给别人。

生活中，我们每个人都有一些习惯，有好的，也有坏的，但无论是养成好的习惯，还是戒除坏习惯，都需要我们融入自己的意志力，我们只有不断地告诫自己坚持到底，才能真正地将习惯变成无意识的行为。人们常说，一天之计在于晨，早上的行为与观念决定了我们一天的观念和行为，如果早晨刚睁开眼的你就已经决定了今天要为自己的好习惯付出努力时，那么，这一天内，你的行为可能就是在正轨上的。而反过来，假如你在早上就已经消极处之，那么，接下来，你可能会懈怠、放纵，“量变引起质变”，今天你的行为如何，直接关系到你的习惯的形成。

因此，我们可以说，习惯的形成，关键在于你自己的观念问题，从晨起的第一眼开始，多督促自己，你就会看到成效，具体来说，你可以做到以下几点：

一、起床要迅速。

赖床是一种拖延行为，你的确可以多睡半个小时，但接下来，无论是起床锻炼身体，还是为自己做个营养早餐，你的生活都会被打乱了。

因此，无论你想纠正什么坏习惯或者养成什么好习惯，都是从一个好的起床习惯开始的。

二、吃一个营养的早餐。

现代社会，很多人因为忙碌而不吃早餐或者草草地吃个早餐。实际上，一个营养的早餐才是最重要的，无论你接下来有什么工作和学习计划，没有充足的体力，都会影响到它的效果。如果你觉得时间不够，那么，不妨早起一点。

三、做好一天的规划。

你可以尝试像孩子一样，多培养时间观念，学会合理地安排时间（即使安排玩的时间也要有个度），并且制订一下目标，有目标地去学习，做事情。

自控小贴士

所有事物发生改变的前提是要进行一定的量的积累。好的习惯的产生需要我们不断地进行自我优化，不断地改正所谓的缺陷，通过一段时间的坚持，从而形成，即达成质变。而重视起床时的一段时间，能强化我们的自控意识，帮助坚持完成任务。

使命感让你找到自己的激情

人们常说：“思想有多远，就能走多远。”这句话虽然有点夸张，但却道出了思想对行动的指导作用。同样，在习惯的培养上，我们能否成功，关键也取决于我们的思想。如果你是个使命感强的人，你希望自己活得伟大，那么，对于当下的行动，你就有自控意识，你就能坚持不懈地努力。因此，我们每个人都应该找到自己的使命，制订出明确的目标，并为实现自己的目标而奋斗，这样才能成为你想成为的人。

除了天分，日本著名作曲家小泽征尔拥有更多的是勤奋。日本作曲家武满彻曾经在小泽征尔的寓所住过一段时间，目睹了大师的勤奋，他说：“每天清晨四点钟，小泽屋里就亮起了灯，他开始读总谱。真没想到，他是如此用功。”原来，小泽从青年时代就养成了晨读的习惯，一直坚持到今天。“我是世界上起床最早的人之一，当太阳升起的时候，我常常已经读了至少两个小时的总谱或书。”小泽这样说。

正是因为如此，在一次演出中，小泽征尔以敏锐的洞察力听出了乐谱的错误，并敢于向在场的权威人士质疑，成功地在比赛中胜出。

的确，伟大的成功和辛勤的劳动是成正比的，有一分劳动就有一分收获，日积月累，奇迹就可以创造出来。这是绝对的真理。只有勤奋工作才是最高尚的，才能给人带来真正的幸福和乐趣。勤奋是通往荣誉圣殿的必经之路。那么，小泽征尔为什么会如此用功？他是怎么养成勤奋学习的习惯的？可以说，他的动力来自于他对音乐的热爱和追求。

因此，生活中的人们，如果你还在浑浑噩噩地生活着，还在感叹自己无法改掉某些恶习时，那么，你不妨也为自己找个伟大的目标吧，具备强有力的信念，你就能找到前进的方向和动力。它能使你摆脱空谈主义，能帮助你挖掘你身体的所有潜能，能帮助你克服很多阻力。

很多年前，在美国，有个叫史蒂文的残疾人，和很多残疾人一样，他的残疾是后天不幸所致。不能正常行走的他，陷入了极度的恐惧和无助之中。他学会了喝酒度日。就这样，二十年过去了。但这一切，又在另外一场意外中改变了。

有一天，他和往常一样，从酒馆出来，照常坐轮椅回家，却碰上了三个连残疾人都不放过的劫匪，这群劫匪早就盯上了他的钱包。

当他的钱包被抢后，他拼命地呐喊，试图找到一个能够帮助他的人，但这群劫匪，在听到他的呼喊后，居然萌生了要杀人的念头，他们放火烧他的轮椅。轮椅很快燃烧起来，求生的欲望让史蒂文忘记了自己的双腿不能行走，他立即从轮椅上站起来，一口气跑了一条街。事后，史蒂文说：“如果当时我不逃，就必然被烧伤，甚至被烧死。我忘了一切，一跃而起，拼命逃走。当我终于停下脚步后，才发现自己竟然会走了。”

现在，史蒂文已经找到了一份工作，他身体健康，与正常人一样行走，并到处旅游。

信念的力量是无穷的，大自然赐给每个人以巨大的潜能，但由于没有进行各种智力训练，每个人的潜能从没得到过淋漓尽致的发挥。人的潜能往往就是通过强力激发出来的。人人都是天才，至少天才身上的东西都有可能在普通人身上找到萌芽。

爱默生告诫我们：“人总归是要长大的。天地如此广阔，世界如此美好，等待你们的不仅仅是需要一对幻想的翅膀，更需要一双踏踏实实的脚！”任何人的成功都是点滴的进步。但反过来，任何思维和行为上的进步也需要梦想的指引。因此，从现在起，你只需树立一个正确的理念，并调动你所有的潜能加以运用，便能带你脱离平庸的人群，步入精英的行列之中！

那么，我们应该如何寻找到自己的使命呢？

你可以记住以下几点：

一、关注未来，不要满足于现状。

独具慧眼的人，往往具备人们所说的野心，他们是不会为眼前的蝇头小利而放弃追求梦想的愿望，他们一般是用极有远见的目光关注未来。

二、重新审视自己，找出自己的闪光点。

每个人都有与众不同的地方，可能这些不同的地方会因为日常那些繁琐的事情而被掩盖，那么，从现在起，不妨停下脚步想想，你是不是在某些方面比别人更有天赋呢？如果有，就开始重新审视自己吧，从自己最擅长的事情做起，你会省力、省心很多！

三、重新唤醒自己的梦想。

其实，在我们心中，都有一个属于自己的梦想，出于各种原因，可能这些梦想会逐渐被磨灭。但你发现没有，正是因为你失去了梦想，你才会显得无力，没有热情，才会变得得过且过，任何人的潜能的激发只有具有一个伟大的动力，才会被最大限度地激发出来。因此，不要犹豫了，为理想奋斗吧，你的人生才会别样精彩！

四、不要把梦停留在想上。

梦想可以燃起一个人的所有激情和全部潜能，载他抵达辉煌的彼岸。但你有了梦想，就不要把“梦”停留在“想”上，一定要付诸行动，制订目标，这样才可以带给你真正需要的方向感。

五、树立脚踏实地的态度。

你若想变得伟大、想成就一番事业，就必须具备勤奋的工作态度。爱因斯坦说：“人的价值蕴藏在人的才能之中。在天才和勤奋两者之间，我毫不迟疑地选择勤奋，她是几乎世界上一切成就的催产婆。”真正的成功是一个过程，是将勤奋和努力融入每天的生活中，融入每天的工作中。成功没有捷径，它需要脚踏实地。

自控小贴士

我们都渴望成功，但成功并不是一蹴而就的，没有人能随随便便成功，成功者必须有良好的行为习惯和严谨的工作作风、勤奋的学习态度等，不付出努力，同时又想把蛋糕做大，这是不可能的。同时，反过来，成功的理念、梦想、使命感都能对我们的行为起到指引和约束作用，因此，我们有必要为自己树立一个伟大的行为目标，并制订一个可行的计划，那么，我们就会获得持久的动力。

第12章

专注提升，将思维和心理都能控制自如

生活中，每个人都会有自己的理想，要么是科学家、要么是作家、要么是商人等，但最终并不是每个人都能实现自己的梦想，这是为什么呢？因为并不是每个人都能一步一个脚印地朝着自己的目标努力。专注力是自控能力的一个方面，一个人做自己擅长的事，脚踏实地是做成大事的另一法宝。因此，我们每个人都应该提升自己的专注力，学会自如地控制自己的思维和心理。

专心致志，提升你的专注力

伊格诺蒂乌斯·劳拉有一句名言：“一次做好一件事情的人比同时涉猎多个领域的人要好得多。”托马斯·爱迪生曾说过：“成功中天分所占的比例不过只有1%，剩下的99%都是勤奋和汗水。”的确，在太多的领域内都付出努力，我们就难免会分散精力，阻碍进步，最终一无所成。也就是说，我们每个人，只有专心致志于一行一业，不腻烦、不焦躁，埋头苦干，不屈服于任何困难，坚持不懈，才能有所成就。只要你坚持这样做，就能造就优秀的人格。专注力属于自控力的一个方面，需要我们在日常生活中逐渐培养，只有这样，你的人生才会开出美丽的鲜花，并结出丰硕的果实。

莫泊桑是19世纪法国著名作家。他从小酷爱写作，孜孜不倦地写下了许多作品，但这些作品都是平平常常的，没有什么特色。莫泊桑焦急万分，于是，他去拜法国文学大师福楼拜为师。

一天，莫泊桑带着自己写的文章，去请福楼拜指导。他坦白地说：“老师，我已经读了很多书，为什么写出来的文章总感到不生动呢？”

“这个问题很简单，是你的功夫还不到家。”福楼拜直截了当地说。

“那——怎样才能使功夫到家呢？”莫泊桑急切地问。

“这就要肯吃苦，勤练习。你家门前不是天天都有马车经过吗？你就站在门口，把每天看到的情况，都详详细细地记录下来，而且要长期记下去。”

第二天，莫泊桑真的站在家门口，看了一天大街上来来往往的马车，可是一无所获。接着，他又连续看了两天，还是没有发现什么。万般无奈，莫泊桑只得再次来到老师家。他一进门就说："我按照您的教导，看了几天马车，没看出什么特殊的东西，那么单调，没有什么好写的。"

"不，不不！怎么能说没什么东西好写哟？那富丽堂皇的马车跟装饰简陋的马车是一样的走法吗？烈日炎炎下的马车是怎样走的？狂风暴雨中的马车是怎样走的？马车上坡时，马怎样用力？马车下坡时，赶车人怎样吆喝？他的表情是什么样的？这些你都能写清楚吗？你看，怎么会没有什么好写的呢？"福楼拜滔滔不绝地说着，一个接一个的问题，都在莫泊桑的脑海中打下了深深的烙印。

从此，莫泊桑天天在大门口，全神贯注地观察过往的马车，从中获得了丰富的材料，写了一些作品。于是，他再一次去请福楼拜指导。

福楼拜认真地看了几篇，脸上露出了微笑，说："这些作品，表明你有了进步。但青年人贵在坚持，才气就是坚持写作的结果。"福楼拜继续说："对你所要写的东西，光仔细观察还不够，还要能发现别人没有发现和没有写过的特点。如你要描写一堆篝火或一株绿树，就要努力去发现它们和其他的篝火、其他的树木不同的地方。"莫泊桑专心地听着，老师的话给了他很大的启发。福楼拜喝了一口咖啡，又接着说："你发现了这些特点，就要善于把它们写下来。今后，当你走进一个工厂的时候，就描写这个厂的守门人，用画家的那种手法把守门人的身材、姿态、面貌、衣着及全部精神、本质都表现出来，让我看了以后，不至于把他同农民、马车夫或其他任何守门人混同起来。"

莫泊桑把老师的话牢牢地记在心头，更加勤奋努力。他仔细观察，用心揣摩，积累了许多素材，终于写出了不少有世界影响的名著。

的确，和莫泊桑一样，很多成功者之所以成功，就是因为在专注的过程中，经过了沮丧和危险的磨炼，才造就了天才。福韦尔·柏克斯顿认为，成功来自一般的工作方法和特别的勤奋用功，他坚信《圣经》的训诫："无论你做什么，你都要竭尽全力！"他把自己一生的成就归功于"在一定时期不遗余力地做一件事"这一信条的实践。

相反，那些对奋斗目标用心不专、左右摇摆的人，对琐碎的工作总是寻找遁词，懈怠逃避，他们注定是要失败的。如果我们把所从事的工作当作不可回避的事情来看待，我们就会带着轻松愉快的心情，迅速地将它完成。瑞典的查尔斯九世还在他年轻的时候，就对意志的力量抱有坚定的信念。每每遇到什么难办的事情，他总是摸着小儿子的头，大声说："应该让他去做，应该让他去做。"和其他习惯的形成一样，随着时间的流逝，勤勉用功的习惯也很容易养成。因此，即使是一个才华一般的人，只要他在某一特定的时间内，全身心地投入和不屈不挠地从事某一项工作，他也会取得巨大的成就。

那么，具体来说，我们应该如何提升自己的专注力呢？

一、一次只做一件事。

如果你决定了做一件事，那么，你就要做到专注，然后，你需要问自己："在这些要做的事情中间，哪件事最重要？"选出那件最棘手的事，然后保证自己在接下来的一段时间内只专注于它。

二、排除干扰。

在你准备做一件事时，请收拾好你的书桌、关闭手机、关闭电脑的浏览器等，避免那些容易使你分心的事，你的学习和工作效率就会提高很多。

三、动机。

明确你办事的动机会有助于加强你的专注力，并且能让你完成任务。你要知道你为什么要去专注于某事，而且要清楚如果你不专注于此事会有什么样的后果。

此外，你可以想象一下假如你朝着一个方向前进的话，你的生活将会是什么样子的。想象一下你理想中的生活，让它清晰可见，并让它时刻浮现在你的脑海中。

四、深呼吸。

当你开始新的一天时，问自己一个问题，“我在呼吸吗？”然后做几次深呼吸。问你自己“我现在感觉放松吗？”如果你的回答是“不太放松”，那么先什么也不要做，然后深呼吸。

五、享受当下。

当下是我们所拥有的一切。生活只存在于当下。珍视它，祝福它，感激它，体验它。不论你在做什么，一定要充实地生活……

在对有价值目标的追求中，坚忍不拔的决心是一切真正伟大品格的基础。充沛的精力会让人有能力克服艰难险阻，完成单调乏味的工作，忍受其中琐碎而又枯燥的细节，从而使其顺利地通过人生的每一驿站。

自控小贴士

阿雷·谢富尔指出：“在生活中，唯有精神的肉体的劳动才能结出丰硕的果实。奋斗、奋斗，再奋斗，这就是生活，唯有如此，才能实现自身的价值。我可以自豪地说，还没有什么东西曾使我丧失信心和勇气。一般说来，一个人如果具有强健的体魄和高尚的目标，那么他就一定能实现自己的心愿。”总之，人生路上，我们不要有太多的空想，而要专注于眼前的工作。在生活中的多数情况下，对枯燥乏味工作的忍受和含辛茹苦，应被视为最有益于人身心健康的原则，为人们所乐意接受。

尝试着去热爱，就能产生火热的激情

人生在世，要有一番成就，就必须要有目标，这是毋庸置疑的。正是因为这一点，现实生活中的很多人，他们认为自己当下的工作根本谈不上是“惊天动地的事业”，于是，他们总是渴望拥有一份更能发挥自己能力与价值的工作，对自己的本职工作便心不在焉。实际上，热爱我们的工作并做到专心致志、全力以赴，是每个社会人的职责，也是让自己快乐的源泉。我们死心塌地地对待我们所做的工作时，就能产生火热的激情，它能让我们每天在工作中全力以赴。久而久之，持续地努力地付出自然会有回报，你将因出色的表现获得巨大的成就。失去热情，必然会失去继续前行的动力；失去激情，必然会失去战胜困难的勇气，不敢面对挑战，这样的人生必然乏味而无聊。

成功始于源源不断的工作热忱，你必须热爱你的工作。热爱你的工作，你才会珍惜你的时间，把握每一个机会，调动所有的力量去争取出类拔萃的成绩。

朱莉现在已经是家连锁餐饮企业的老板了，现在的她，每天脸上都挂满笑容。而六年前，她只不过是一家餐厅的侍应生，她的丈夫保罗也只不过是一名交警。虽然那时候他们每天都很快乐，然而保罗和朱莉都梦想着有一天能拥有他们自己的事业。他们特别喜欢冰激凌，并为经营一家冰激凌店做了一些调查工作，但是他们并没有发现合适的机会。

有一次，一个客人来店里吃饭，朱莉无意中和他聊了几句，原来，对方是一家名为“酷圣石”的冰激凌店的老板。这引起了朱莉的兴趣，经过数次的拜访和考察，她和丈夫一致认为这就是自己长期以来所寻找的机遇。于是，他们决定冒险投资。

当你进入朱莉的这家冰激凌店之后，你会发现，朱莉工作起来是如此热情洋溢。不论你什么时间去买冰激凌，他们总会有一个人一直守在店里。与此同时，保罗还保留着警察这份职业。但他们确实是在享受自己所做的工作。

詹姆斯·巴里说：“快乐的秘密，不在于做你所爱的事，而在于爱你所做的事。”工作在我们的人生中占据了大部分最美好的时光。比尔·盖茨有句名言：“每天早上醒来，一想到所从事的工作和所开发的技术将会给人类生活带来巨大的影响和变化，我就会无比兴奋和激动。”

事实上，即使你现在感觉厌烦工作，仍坚持再作一些努力，忍辱负重、积极向前，这将导致人生的根本转变。

小李高考落榜后，就开始在一家汽车修理厂工作，从他开始工作的第一天开始，他就对自己的工作充满了不满，他开始抱怨：“修理这活太脏了，瞧瞧我身上弄的。”“真累呀，我简直讨厌死这份工作了。”“要不是考试中出了点失误，我现在都是名牌大学的学生了。做修理这活太丢人了！”

每天，小李都在煎熬和痛苦中过日子，但他又害怕失去这份工作，于是，只要师父不在，他就耍滑偷懒，应付手中的工作。

几年过去了，与小李一同进厂的三个工友，凭着自己的手艺，或另谋高就，或被公司送进大学进修，独有小李，仍旧在抱怨声中，做他蔑视的修理工。

可见，无论你正在从事什么样的工作，要想获得成功，都要对自己的工作充满热爱。如果你也像小李那样鄙视、厌恶自己的工作，对它投注“冷淡”的目光，那么，即使你正从事最不平凡的工作，你也不会有所成就。

有句话说得好："选择你所爱的，爱你所选择的。"为了培养你对工作的热情，你需要做到以下几点：

首先，在择业之前，你应该考虑自己的兴趣。如果工作在某些方面真的令你缺乏兴趣，我并不是说一定要强迫你每天在工作的时候保持微笑。一般情况下，如果你真的不喜欢自己所做的事情，对它缺少积极性，那么这是不值得的。不管你得到的薪水有多高，不管你的职业生涯攀上了多少高峰，都是不值得的。

如果你并不了解自己的兴趣所在，你怎样才能挖掘出它们呢？有很多方法可以做到这一点。例如，在你目前的工作中，你最喜欢它的哪些方面？是和他人共处，还是不和他人共处？是智力挑战，还是解决问题或者某个问题在某一天结束的时候有了具体答案的满足感？

倘若你已经有了一份不错的工作，那么，不妨尝试着热爱它。

其实，并不是所有工作都是那么妙趣横生的，甚至绝大部分工作会因为工作环境的一成不变而变得枯燥乏味。许多在大公司工作的员工，他们拥有渊博的知识，受过专业的训练，有一份令人羡慕的工作，拿一份不菲的薪水，但是他们中的很多人对工作并不热爱，视工作如紧箍咒，仅仅是为了生存而不得不出来工作。他们精神紧张、未老先衰，工作对他们来说毫无乐趣可言。

可见，一件工作有趣与否，取决于你的看法。对于工作，我们可以做好，也可以做坏。可以高高兴兴和骄傲地做，也可以愁眉苦脸和厌恶地做。如何去做，这完全在于我们。所以只要你在工作，何不让自己充满活力与热情呢？

因此，无论你现在从事什么样的工作，你都应该学会热爱它，即使这份工作你不太喜欢，也要尽一切能力去转变，并凭借这种热爱去发掘内心蕴藏着的活力、热情和巨大的创造力。事实上，你对自己的工作越热爱，决心越大，工作效率就越高。

当你抱有这样的热情时，上班就不再是一件苦差事，工作就变成了一种乐趣，就会有许多人愿意聘请你来做你更热爱的事。如果你对工作充满了热爱，你就会从中获得巨大的快乐。

设想你每天工作的8小时，就等于是在快乐地游泳，这是一件多么惬意的事情！

另外，从工作中寻找成就感也会让你爱上这份工作，比如，如果你是教师，你可以通过观察每个学生在学习上的进步、心智的成长来获得乐趣；如果你是个医生，你可以从帮助病人排除病痛为己之快乐。另外，你还应该认识到，在每一份工作中，我们都学到了不同的知识。

总之，你要记住，重要的并不是你付出了多少，而是你怎样为之付出。你可以在工作中抱有激情和热心的态度，尽自己最大的能力去做，不管得到多少，始终抱有这种良好的心态来享受工作带来的乐趣！

自控小贴士

不管怎样，竭尽全力、专心致志、全神贯注于本职工作。这样，渐渐地在痛苦之中逐步产生喜悦感和成就感。“热爱”和“全神贯注”就如硬币的正反两面，是因果关系的循环。因为热爱才能全神贯注，全神贯注之中自然而然就热爱上了。当然，最初难免有些勉强。但是，必须要反复地对自己说：“自己正在从事一项了不起的工作。”“这是多么幸运的工作啊。”于是，对工作的态度自然而然就有了大转变。

把心和思考都放在“今天”这一条直线上

生活中，任何一个积极向上的人，对于自己的未来都满怀信心，并树立了伟大的理想，理想能指导行动，让你的努力有一个明晰的主线。事实上，在追求梦想的过程中，一些人却沉不下心来，他们每天都在展望自己的未来而不是踏实地工作、生活，那么，这样只能让心智沉浸其中，只会陷入人生的陷阱。有首古诗说得好，“明日复明日，明日何其多，我生待明日，万事成蹉跎”。如果你还沉浸在对未来的一些不切实际的幻想中，那么，你一定要收回思维，让心和思考都在一条直线上——今天。只有把每一天过得实在有意义，把每一天的学习、工作任务及时完成了，才能在每一天悄悄地成长，慢慢地长大。当你回过头来的时候，你会惊讶地发现，原来自己的每一天过得这样充实，你会为自己感到骄傲和自豪。

的确，今天不过去，明天就不会来到，再伟大的理想，如果没有一天一天地累积，也会倾塌。在生活中，输得最惨的往往是些聪明人，而不是笨人。原因就在于笨人知道自己不够聪明，只能靠苦干、实干才能创造好的生活，最终他们如愿以偿了。而聪明人做事时则不肯下力气，总想着要小聪明，投机取巧，所以往往输得很惨，因此智慧和实干比起来，实干更加不可或缺。

约翰·霍普金斯学院的创始人威廉斯勒曾经是英国医学院的一名学生，他的成功来自于他老师的一句话的启迪。

那还是1871年春天的事情，那时候，威廉斯勒正处在心情烦躁之中，因为他不知道如何处理远大的理想和具体的身边小事之间的关系，也不知道自己该如何做事才能成功。于是，他去请教他的老师，老师告诉他："最重要的，就是不要去看远方模糊的，而要做手边最具体的事情。"他这才恍然大悟：是啊，不论多么远大的理想，都需要一步步实现啊；不论多么浩大的工程，都需要一砖一瓦垒起来啊。

也就是从那一天开始，威廉斯勒开始埋头读书，两年以后，威廉斯勒以全校最优异的成绩毕业。毕业后来到一家医院做医生。他认真地对待每一个患者，对每一次出诊都一丝不苟。兢兢业业的态度和精益求精的精神，使他很快成了当地的名医。几年以后，他创办了约翰·霍普金斯学院。他把自己的人生态度贯彻到每一个细节里。许多专家学者慕名来到他的学院工作，使他的学院很快成为英国乃至世界最知名的医学院。威廉斯勒总是告诉他身边的人：最重要的是把你手边的事情做好，这就足够了。

威廉斯勒为什么能成功？因为他从他的老师的话中悟出，一个人，只有踏实努力、努力充实好每一天，把自己的人生态度贯彻到每一个细节中，由量的积累达到质的飞跃，才能将理想化为现实。

我们再来看下面一个寓言故事：

这天，一只老马带领一群小马去电影院看电影。

"现在，只有10分钟就到电影院。"

又走了20分钟，这些小马在河边停了下来。奇怪得很，小马们虽然走了近一个小时，却并不觉得怎么疲惫。

老马给它们解释为什么不疲惫的原因。

"今天所走的路，你可以常常记在心里。这是生活艺术的一个教训。你与你的目标无论有多遥远的距离，都不要担心。把你的精神集中在10分钟内的距离，别让那遥远的未来令你烦闷。"

将"精神集中在10分钟内的距离"，多么睿智的解释。然而这也是很多人目前最缺乏的。他们往往将目标着眼于大处，而常常忽略了小的问题。一座建筑是由一砖一瓦砌成的，每一砖一瓦本身显得并不怎么重要。但是缺少了它们，高楼如何建起？同样的道理，成功者的一生都是由无数个看上去微不足道的小方面构成的。

很多时候，美好的憧憬总会若隐若现地给人以幻觉，让他们觉得自己离它很近，只要完成几小步的跨越就可以到达。但其实不然，现实的境地并不会让你的想象变得容易。

不重视眼前的实际，身处“这山望着那山高”的境地时，那表示他忘记了理想必须扎根在现实的土壤里，结果只能被理想和现实同时抛弃。你在人生的过程中会看到许多山峰，但你不可能翻越每一座山峰，得到所有美好的东西。命运对任何人都是公平的，当你为没有得到而苦恼时，还是仔细想一下自己将会失去什么吧！

着眼于眼前，就需要我们不仅懂得“收心”，更要“收回思维”，思维走得太远，心和行动跟不上，再伟大的梦想也会成为泡影。因此，我们要重视当下工作中的每一件小事、每一个细节，事情天天在做，但真正把事情做好、做到位的却还有一段距离。小事做不了，何以成大事？在诸多工作中出现的问题，恰恰是这些细节、小事的不到位，思想上的一点点马虎，执行上的一点点疏忽大意，就会导致结果上出现很大的差异。有的工作已经做好一大半，有的甚至做到了99%，就差1%，但就是这点细微的区别使他们在事业上很难取得突破和成功。

生命中的大事皆由小事累积而成，没有小事的累积，也就成不了大事。只有了解了这一点，我们才会开始关注那些以往认为无关紧要的小事，开始培养自己做事一丝不苟的美德，养成做事不打折扣、不留尾巴的习惯，养成做事少出差错，甚至不出差错的习惯。

一位父亲告诫他的孩子说：

“无论你以后做什么样的工作，都要做到一丝不苟、认认真真、全力以赴。要是你能做到这一点，你就不必担忧自己没有好前途。你看这世界上，到处都是散漫、粗心的人，做事善始善终的人是供不应求、深受欢迎的，只有认认真真做事的人才是未来竞争的成功者。”

这位父亲的话是有道理的，一个人的成功并不在于他在做什么，而

在于他有没有做到最好、做到位。成功者之所以成功，就是因为他们具备一个品质，专注于一件事并追求极致。因此，我们在学习、生活和工作中应该以更高的标准来要求自己，能做到更好，就必须做到更好，能完成百分之百，就绝不只做百分之九十九。

当然，专注于手头的事、过好每一天，并不是说我们要做工作狂，相反，我们更要懂得劳逸结合，学会享受生活。

自控小贴士

任何一个渴望成功的人，都必须学会沉下心来进入自己的世界，越早进入就意味着越早地步入事业的轨道。因此，动用你的全部智能吧，把自己的工作做得比别人更完美、更快捷、更准确、更专注、更出色，你就能实现你心中的愿望，你就能成就你远大的理想。

再坚持一下，专注更需持续

古人云："有志者，事竟成，百二秦关终属楚；苦心人，天不负，三千越甲可吞吴。"这句话的意思就是，只要我们坚持到底，无论梦想多大，都有实现的可能。我们常常发现有许多人在做事时最初都能保持旺盛的斗志，然而，随着遇到的挫折的增多，他们变得懈怠，热情也退却了，最终放弃了希望，失去了自己应有的成功。

的确，某些看起来平凡的、不起眼的工作，只要我们能坚韧不拔地去做，坚持不懈地去做，那么，这种持续的力量就能帮助我们获得事业的成功。

当然，在坚持的过程中，你可能会遇到一些压力和困难，但我们要明白的是，此时你更应该有超强的自控力，再坚持一下，也许转机就在下一秒。这正如巴甫洛夫所说的："如果我坚持什么，就是用炮也不能打倒我！"

老亨利是一家大公司的董事长，他是个和蔼的老人。有一次，产品设计部的经理汤姆向老亨利汇报说："董事长，这次设计又失败了，我看还是别再搞了，都已经第九次了。"汤姆皱着眉头，神情非常沮丧。

"汤姆，你听我说，我让你来设计，就相信你能成功。来，我给你讲个故事。"老亨利吸了一口雪茄，开始讲起来，"我也是个苦孩子，从小没受过什么正式教育。但是，我不甘心，一直在努力，终于在我31岁那年，我发明了一种新型的节能灯，这在当时可是个不小的轰动呢！

但是，我是个穷光蛋，要进一步完善需要一大笔资金。我好不容易说服了一个私人银行家，他答应给我投资。可我这种新型节能灯刚一投放市场，其他灯的销路就被阻断了，所以就有人暗中阻挠我成功。可谁也没想到，就在我要与银行家签约的时候，我突然得了胆囊症，住进了医院，大夫说必须马上做手术，否则就会有危险。那些灯厂的老板知道我得病了，就开始在报纸上大造舆论，说我得的是绝症，骗取银行的钱来治病。结果，那位银行家不准备投资了。更严重的是，有一家机构也正在加紧研制这种节能灯，如果他们抢在我前头，我就完蛋了！我躺在病床上简直是万分焦急，最后只能铤而走险，不做手术，如期地与那位银行家见面。

“见面前，我让大夫给我打了镇痛药。和银行家见面后，我忍住剧烈的疼痛，装作没事似的，和银行家谈笑风生。但时间一长，药劲过了，我的肚子就像刀割一样疼，后背的衬衣也让汗水湿透了。可我仍然咬紧牙关，继续周旋。我当时心里就只剩下一个念头：再坚持一下，成功与失败就在能不能挺住这一会儿！病痛终于在我强大的意志力下低头了，最后我终于取得了银行家的信任，签了合约。我在送他到电梯口时脸上还带着微笑，并挥手向他告别。但电梯门刚一关上，我就扑通一下倒在地上，失去了知觉。提前在隔壁等我的医生马上冲过来，用担架将我抬走。后来据医生说，我的胆囊当时已经积脓，相当危险。知道内情的人无不佩服我的这种精神。我呢，就靠着这种精神一步步走到现在。”

汤姆被老亨利的故事感动了，他感到万分惭愧。和董事长相比，自己遇到的这点压力又算什么呢？

“董事长，您的故事让我非常感动，从您身上我真正体会到了再坚持一下的精神。我非常感谢您给我的鼓励和提醒。我回去再重新设计，不成功，誓不罢休。”汤姆挺着胸，攥着拳，脸涨得通红，说话的声音有些颤抖。

事实是最好的证明，在试验进行到第十二次的时候，汤姆终于取得了成功。

任何人、任何事情的成功，固然有很多方法，但最根本的就是需要坚持。不管遇到什么困难，只要风雨无阻并相信自己能成功，就一定会迎来曙光、迎来成功。老亨利和汤姆的成功就是最好的证明。相反，如果我们老在前进的道路上给自己设置重重的心理障碍，如果总是让自己刚迈出的脚步又退回原点，那么又如何战胜压力走向终点呢？唯有抱着一种不怕输、不认输的精神，有一种失败后再坚持一下的勇气，这样才能最终获得成就。

现实生活中，有这样一些人，他们早已为自己树立了人生目标，并告诉自己，一定要实现自己的目标。而随着时间的推移，他们发现，努力是如此需要恒心的一件事，目标也实在遥远，这样是不可能收获胜利果实的。现实案例告诉我们，百分之九十的失败者其实不是被打败，而是自己放弃了成功的希望。因此，我们需要记住的是，无论遇到什么，我们都要有自控力，都要咬紧牙关，不要放弃最后的努力。因为成功与不成功之间的距离，并不是一道巨大的鸿沟，它们之间的差别只在于是否能够坚持下去。

也许，现在的你可能正在从事一项简单、繁琐的工作，你感受到了前所未有的压力，感受到了自己的前途渺茫，但请你记住，这才是人生的精彩之处。反而，如果一个人，他的一生太幸运，太安逸了，就远离了压力的考验，反而变得毫无追求，苍白暗淡。一旦你失去了必要的压力，就会驻足不前，那么你就等于失去了成功的基石，有一天你会发现自己的身后只剩一片悬崖。因此，面对现实工作给自己带来的压力，你不要总是想着给自己减压，还要适当地给自己加压。因为压力是孕育成功的土壤，只有在沉重的现实面前，压力才能将潜能激发出来。当你无法摆脱压力时，就应该反复地对自己说："感谢生命之中的压力，这是生活对我的挑战和考验。""这是上天催促我努力学习、积极工作、奋发向上的动力。"换个角度去看问题，改变态度，困难和压力也会很快减轻。

自控小贴士

事实证明，任何一个取得成功的人，都是因为他付出了超乎常人的努力。一个人要想获得人生的幸福，那么每一天都应该勤奋工作。付出不亚于任何人的努力是一个长期的过程，只要坚持，就一定能够获得不可思议的成就。

“意外状态”下也需要保持专注

专注力，是成功的第一要素。无论是个人，还是企业，只有把持一种高度的专注力，才能以充沛的精力启动自己的梦想。但如何才能保持专注呢？只要你下定决心，排除一切干扰，肯定可以做到。请相信专注的力量，因为你的成功缘于此，失败也缘于此。当然，很多时候，我们在专注于一件事时，常常会出现一些“意外状态”，此时就更需要我们控制自己的专注思维和心理，具体来说，这些“意外状态”包括：

一、懒惰。

要想知道一个人的成就有多大，不光要看他所获得的荣誉和知名度，而要着重了解他在成功之前究竟流过多少汗、克服了多少困难、花费了多少心血。准确地说，就是看他到底有多勤奋。要知道，曾经有过失败的人或许是勤奋的，但最终获得成功的人绝不是懒惰的！

不得不承认，很多时候，我们身体里懒惰的虫子会经常侵蚀我们，此时，我们就需要用勤奋来克服。我们可能不曾了解的是：从科学的角度看，勤奋可以反复地刺激人类的脑细胞，而且勤奋还可以提高头脑的灵活性，使人变得更加聪慧灵敏。生活中一些天资较差的人，往往会因为勤奋而让自己变得机敏起来。

比如，在追求学业的过程中，为什么有些人的成绩名列前茅，而有些人的成绩名落孙山呢？答案只有两个字：勤奋。可能很多人对自己还没有全面的认识，甚至有一些人会因为不够优秀、外貌上的一些不足而感到自卑。但你们发现没有，如果你足够勤奋、做足准备的话，那么，你也是优秀的。正如人们常说“没有十年寒窗苦，怎有金榜题名乐？”如果你能静下心来，勤奋学习，那么，你的汗水总会收到成效。

爱因斯坦小时候，是被大家公认的笨蛋，无论是同学还是老师都认为他笨得无可救药了，但爱因斯坦却没有认为自己笨，并且他最终用勤奋证明了这一点。

一次，老师给大家上手工课，其他同学都交给老师自己做的精美的作品，而爱因斯坦交给老师的，却是一个做工粗糙的小木凳子，大家一看，都忍不住笑出声来，都认为这无疑是世界上最糟糕的东西了。就在此时，爱因斯坦却拿出了两个比这个更加糟糕的小凳子，这时，老师和同学们惊呆了，也由此改变了对他的看法。

这次事件证明了爱因斯坦的勤奋，从此，他的同学和老师对他产生了新的认识。而长大后的他更是异常勤奋，一天二十四小时的大部分时间，他都是在实验室度过的。别人学习时，他在学习，别人玩耍时，他还在学习，甚至别人休息时，他依然在不停地学习、钻研。经过多年的努力，爱因斯坦最终以“相对论”而闻名于世。

“勤能补拙”这句话用在爱因斯坦身上再合适不过了。爱因斯坦之所以能取得伟大的成就，主要就是因为他的勤奋，是因为他符合时代的要求，不断探索，敢于创新。

二、诱惑。

现实生活是一个处处充满诱惑，时时会有外来干扰的世界，要维持长时间的、集中的注意力，必须具备一定的自我控制能力。所以，从某种意义上说，良好的专注力是稳定而集中的注意力和自制力的结合。

要抵御诱惑，需要我们在努力中保持一份平常心，这样，我们才能对外界的“花花绿绿”、“流光溢彩”不生非分之心，不做越轨之事，不做虚幻之梦。

三、自卑。

自信心的确具有无可比拟的重要作用，许多人之所以失败，不是因为失败打败了他们，而是他们自己打败了自己，失败后的自卑心使得他们不敢争取，他们让自己陷入了自卑的情绪之中。这正如莎士比亚所说：“假使我们自己将自己比作泥土，那就真要成为别人践踏的东西了。”如果你认为你会失败，那你就已经失败了。

四、无精力。

许多缺乏雄心壮志的人心智活动会比较迟缓。他们虽然稳定、有耐心，而且似乎有很好的自制力，但这并不表示他们有专注力。这种人容易怠惰、不活泼、迟缓、无精打采，因为他们精力不足；他们不会失去控制，因为他们根本没有力量失控。他们没有脾气，所以也不可能受到困扰。他们的举止稳定，因为他们缺乏精力。而有专注力的人内心是坚强的，精力充沛、强而有力，能够有效地控制他们的思想与身体动作。

人如果身、心双方面都缺乏精力，就必须善加培养。如果一个人没办法控制精力，而且保持专一，那么他就必须善加练习。一个人或许非常精明干练，但除非他“愿意”去控制他的才能，否则精明干练对他一点好处也没有。

五、缺乏责任心。

国内某企业老总曾回忆道：“在我手下工作的一个工程师很负责。曾经有一次，他为了拍好项目的全景，徒步走了两公里，爬到一座山顶去拍，将很多景观拍得都很到位，其实在楼上就可以拍到的。当时我问他为什么要这么辛苦，他的回答是：‘回去董事会成员会向我提问，我要把整个项目的情况，尽可能完整地告诉他们才算完成任务，不然就是工作没做到位。’”

自控小贴士

戴尔·卡耐基曾经根据很多年失败的经验得出一个结论：“一些人事业失败的一个根本原因，就是精力分散，不能专注于工作。”事实的确如此，他们失败的原因就是他们没有将目标集中在一个方向上。综观古今中外，曾涌现出无数个令人敬佩的有名人士，他们并非一生下来就掌握某种本领或拥有异于常人的智慧，但是最终，他们却得到了人生的馈赠。之所以那些名人会如此幸运，并不是因为上天的眷顾，而是因为他们有一种难能可贵的精神，那就是始终保持专注。

第13章

别让人生输给心情，提升你的情绪管理能力

情绪是人与生俱来的一种心理反应，如喜、怒、哀、乐，易随情境变化。人在日常生活中免不了会出现好情绪和坏情绪，如果不能很好地调节并保持情绪平稳，势必会陷入一种痛苦的泥潭之中。因此，我们必须提升自身的情绪掌控能力。的确，一个善于管理情绪的人，更容易保持平静和愉快，即使遭遇低潮也会乐观地应对，能承担压力，而成为自己生活的主宰。他们容易理解别人，能够建立和保持和谐的人际关系，即使与人产生矛盾，也能有气度地以建设性的方式解决。这样的能力，决定了一个人一生的幸福和成功。

坏情绪会让你做出失去理智的事

生活中，我们总会遇到一些影响我们情绪的事，我们平静的心会被扰乱，我们或开心、或悲伤、或愤怒，但这些激动的情绪若不进行排解，那么，就会产生一个“情绪链”，也就是人们经常提起的“踢猫效应”，而我们就是这个循环反应的罪魁祸首。

老板骂了员工小王；小王很生气，回家跟丈夫大吵一架；丈夫觉得很窝火，正好儿子回家晚了，“啪”，给了儿子一记耳光；儿子捂着脸，看见自家的猫在身边，不分青红皂白就狠狠地给猫一脚；那可怜的猫不知所措，转身就跑，冲到外面的街上，正遇上街上的一辆车，司机为了避让猫，却把旁边的一个小孩撞伤了。

这就是“踢猫效应”，这就是我们的不良情绪带来的结果，相反，如果我们能做到控制自己糟糕的情绪，那么，就不会把它传染给身边的人，也就不会引发这一连串的问题。

其实，激动本身并没有任何破坏性，但在激动的情况下，人们会做出失去理智的事，它给人带来的负面影响可能远远大于我们的想象，会给我们的生活带来深远的影响。

雯雯是个漂亮的女孩，和所有的女孩子一样，她爱美，但她的经济收入却不允许她购买一些高档时装，但这还是阻挡不住她逛街的欲望。这天下班后，她经过一家时装店，就进去看了看。无意中发现营业员好像心情不好，估计是被老板批评了。雯雯也没在意，就对她说，我想试一下这件衣服。

这个女孩慢腾腾地走过来，一边拿衣服一边慢条斯理地问她："你买吗？"谁都听得出来，这话有轻视的意味。

这句话严重地伤害了雯雯的自尊心。她也一下子来气了，冲着女孩说："我买不买你都要给我拿出来。我是顾客，是你的上帝！"雯雯很没礼貌地摔门而出。

雯雯的心情坏透了，嘴里还不停地嘟囔。以至于在进单元门的时候跟楼下的邻居撞了个满怀，从来不骂人的她居然本能地吐出一句"神经病"。

电梯等了好久还不下来，雯雯的心情糟透了。

这个时候，她的电话响了，她的一个大学同学在外地给她打来的。这个同学告诉她，自己添了个宝宝。雯雯一听，高兴坏了，满腔的不愉快突然全部无影无踪了。

这里，时装店营业员从她的领导那里接受了愤怒，又把这种坏情绪传染给雯雯。带着这种情绪，雯雯眼中的世界充满了敌意。每个人、每件事都好像在跟她作对。而在接到同学的喜讯后，她才又恢复了好心情。

其实，有时候，我们周围发生的事，和我们并无多大关系，不要让别人的言行激起你的负面情绪。比如，当你逛街时，本来心情很好，但却看到有人在街上谩骂，你马上就感到他是在骂你，或是认为他不应该这样做，你也跟着掺和进去，跟他对骂，结果，显然心情变得很糟。又比如，你穿了一件漂亮的衣服去上班，有同事看到了不仅没称赞你的衣服漂亮，还说你看起来"更胖"，你的心情马上大打折扣。

其实想想，万千烦恼事，我们没必要太过计较，大度一点，情绪就不会爬上眉梢，也不会掌控我们，我们就能更显雍容和优雅。

"风吹屋檐瓦，瓦坠破我头；我不恨此瓦，此瓦不自由。"的确，砸到我们头的那片瓦，是被风吹落的，并不是有意为之，生活中那些触犯你的人何尝不是如此呢？不必生气，多为对方考虑考虑，你就能赢得尊敬和赞美，成就自己良好的品质。

薇琪是一家外企公司的职员，她心地善良，受到很多同事的欢迎，可是令她不明白的是，为什么许多和自己一起进公司的同事都晋升了，而自己还在原来的位置上原地不动。

有一次，公司准备派一个女职员去接待合作公司的代表，薇琪想：“这次该是我去了吧，我是公司外语最好的，没有理由不让自己去了。”可是，第二天，公司还是没让她去，而是让一个新手去了。这让薇琪很不舒服，她这次再也忍无可忍了。她准备找主管问清楚，当她正准备进主管办公室时，她在门外听到主管和经理的对话。

“经理，这样不好吧，薇琪的确能力挺强的，这次是不是太伤她的心了。”

“就她那个火爆脾气，万一她和合作方的代表两句话不对头吵起来都说不定，我可不能让她砸了公司的生意，你们有时间也多去劝劝薇琪改改自己的情绪，能力好也不能工作情绪化，这是我们公司员工必备的素质和修养。”

这些话被门外的薇琪听见了，她终于知道自己的致命弱点了，怪不得以前大家都说在这家公司必须得养个好性子，否则别想升职，她这才明白了。

后来，薇琪尝试着控制自己的情绪，每次当自己要发作时，她都会选择以写字的方法来转移情绪。当她写了满满一页纸的时候，她的心情也就好了。一段时间以后，她的谈吐果然不一样了，整个人的气质也由内而外改变了很多。不到几个月，这些改变都被领导看在了眼里，当然她的晋升梦实现了，关键是，她的品质和修养得到了提升。

人类最大的敌人永远是自己，坏情绪就像弹簧，假如你的勇气一次又一次地后退，坏情绪就会一次又一次地前进，直到最后占据你心灵的高地，全盘操纵你的一切，你的正义、勇敢、上进、积极、坚毅的品格全都遭受最无情的蹂躏和践踏，直至这一切消失殆尽，于是，走向失败，走向毁灭。

人们在遇到一些或悲或喜的事情时，都会激动，并且很难一下子冷静下来，所以当你察觉到自己的情绪非常激动，眼看控制不住时，可以用及时地转移注意力等方法自我放松，鼓励自己克制冲动的情绪，对此，我们可以尝试一下深呼吸的方法。

在深呼吸后，你可以通过自我暗示，来平息情绪。比如，当你遇到有人超车时，你对自己说："这个人大概有什么急事吧。"或者说："也许我的车开得的确太慢了。"那么，你就不至于会发火了。事实证明，"重新判断"的确是一种极为有效的控制不良情绪的方法。

最后还有一点，就是在我们控制住冲动的情绪后，还要重新思考，努力打开心结，为什么会有冲动的情绪，为什么自己不能从一开始就看开点，为什么不能很好地控制情绪，这样才能从源头遏制冲动。

自控小贴士

在生活中，应该懂得自己掌握情绪，既不要让别人的坏情绪影响到自己，也不要让自己的坏情绪影响他人；同时，要把自己快乐、积极的情绪传递给他人。因为每个人都希望自己是快乐的，当你的积极情绪传递给他人的时候，必然会被他人所接受。

调整心理状态，从消极变积极

生活中，人们的心情总是会因为周围发生的事而受到影响，当遇到不幸或者不快的事情时，心情还会因此低落。但无论遇到什么，我们都要反复地暗示自己，不要被低落的情绪控制。那些成功者之所以成功，就是因为他们做到了这点。因为决定人生成败的是态度，积极乐观的人可以在任何时候都快乐，无论道路多么崎岖都会毅然地向前走；消极悲观的人总是触景伤情，甚至感觉活着是那么艰难，是一种罪。所以，不管你身处何种地步，一定要保持正面情绪（积极、乐观、不抱怨），你就会变得成熟、自信。

然而，生活中，许多人一陷入困境，就变得消极、悲观，甚至一蹶不振，其实，并不是困难打败了我们，而是我们自己打败了自己。我们应该反复地暗示自己，困境是另一种希望的开始，它往往预示着明天的好运气。因此，你只要放松自己，告诉自己希望是无所不在的，再大的困难也会变得渺小。这样，你也就能挣脱低落的情绪了。

古希腊神话中有一个西齐弗的故事很能说明这个问题。西齐弗因触犯了天庭之法，被惩罚到人间受苦。他每天必须推一块石头上山。当他将石头推上山顶回家休息时，石头又自动地滚下来，于是西齐弗第二天又得去推。这是天神想让他在“永无止境的失败”中遭受惩罚，以此来折磨他的心灵。

可是，西齐弗偏偏不吃这一套。他不认为这就是受苦受难的命运安排。他心想，推石头上山是我的责任；至于石头是否滚下来，不是我的

失败。因此，他的心中始终平静异常，从不丧失信心。从而始终不放弃自己的职责，每天都满怀希望。天神见折磨西齐弗心灵的企图无法奏效，只好放他回了天庭。

用这个故事对照现实生活，我们可以得到有益的启示：“人必自助而后天助。”若连自己都不愿帮助自己，还会有谁帮助你呢？只要始终自我激励，相信自己是能行的，永不放弃追求，那么我们就是命运的主人。因此，当我们受挫时，一定要告诉自己：“摔倒了还要漂亮地爬起来。”

的确，人不可能永远处在心想事成之中，生活中既然有挫折、有烦恼，就会有消极的心态和情绪。一个心理成熟的人，不是没有消极情绪的人，而是善于调节和控制自己情绪的人。而自我激励，是用理智控制不良情绪的又一良好方法。恰当地运用自我激励，可以给人精神动力。当一个人在困难面前或身处逆境时，自我激励能使你从困难和逆境造成的不良情绪中振作起来。

丰田公司极其重视推销员的自我管理教育。在自己管理自己的方法上，如对工作的认识、建立价值观念、养成计划性、培养实践能力、妥善安排时间、不间断地学习、注意健康、克服工作上萎靡不振的情绪以及如何全神贯注地工作等有关方面的教育，公司都抓得很紧。有一篇文章反映了丰田公司推销员自我管理的真实情况，文中写道：

“我认为所谓的自我管理，首先就是苛求自己。我把一个星期的工作计划分为上午和下午两部分，把要走访的地方6等分。星期一走访葛饰区立石路的1～100号街，星期二走访第101～200号街，星期三……这样一个星期结束以后，就转完了我所负责的整个地段。我把这种做法一直作为绝对的、至高无上的命令来执行。所谓硬闯和推销管理工作，都安排在每天下午去搞。上午专搞接洽生意或类似接洽生意的工作，从下午4点起，搞交谈、修车等工作。我的工作计划大体上就是如此，并坚决执行——这就是我的推销计划，也就是自己管自己。

“参加工作的第一年，往往都是我一个人在街道上转来转去，觉得非常难受又寂寞，有时也深感推销工作非常痛苦。可是，每逢这时，我就勉励自己说，自己痛苦的时候别人也痛苦。说老实话，我想如果推销工作是一帆风顺的，也就无所谓自己管理自己了。自己管理自己这个问题之所以受到重视，是因为任何人都不能随心所欲地去做事情，因为今天一去不复返，人们才要求这么严格。我也经常有精神不振的时候，遇到这种情况，就一定在星期天去登山。当我一步一步地克服了前进中的困难而登到山巅时，那种激励的心情简直就和接受订货、交出汽车时的激动心情完全一样。”

从这两段话中，我们发现，这里，这位推销员的这句话：“我想如果推销工作是一帆风顺的，也就无所谓自己管理自己了。”的确，如果不存在打击与拒绝，那么，也就体会不到成功时的快乐，以这样的信念激励自己，能帮助我们克服内心的很多负面心理。

可能很多人会产生疑问，如何才能具备积极的心态呢？其实，这完全在于我们自身的选择。

一、摒除那些消极的习惯用语。

这些消极的习惯用语一般有：

“我好无助！”

“我该怎么办？”

“我真累坏了”

……

相反，我们可以这样说来激励自己：

“忙了一天，现在心情真轻松。”

“上帝，考验我吧！”

“我要先把自己的家里弄好。”

“我就不信我战胜不了你！”

二、有意接收积极信息。

每天早上，当你起床后，就要接触那些积极的信息，如果可能的话，和一位积极心态者共进早餐或午餐。不要去看早上的电视新闻。你只要浏览一下当天报纸上的几条重要新闻即可，这几条新闻足以让你了解当今世界的重大新闻。你可以多关心一些与你的工作和生活有关的当地新闻，而对于那些惨案类的新闻，你要管住自己的眼睛，不要在早上就去阅读它们。在开车或者坐车去上班的路途中，你最好听一些愉快的音乐……晚上，你不要花大量时间去玩网络游戏、看电视等，你应该多陪陪你的爱人和孩子，向他们讲讲当天的趣事。

当你情绪低落时，你可以放下手中的工作和繁琐的生活，去你所在城市的医院、养老院、孤儿院看看，这样，你会发现，比你不幸的人太多了。如果情绪仍不能平静，就积极地去和这些人接触；和孩子们一起散步游戏，把自己的情绪，转移到帮助别人身上，并重建自己的信心。通常只要改变环境，就能改变自己的心态和感情。

当坏心情降临时，你可以用某些哲理或某些名言来安慰自己，鼓励自己同痛苦、逆境作斗争。自娱自乐，会使你的情绪有所好转。

自控小贴士

无论我们遇到什么事，都不要让消极心态有机可乘，要拒绝受控。一旦看到被消极心态袭击时，得马上自我保护，提醒自己它只不过是借软弱打倒理性的纯粹思维惯性而已，你便能歼灭那些消极心态了。

内心扭转法始终让你内心充满阳光

我们每个人都有情绪，并且这些情绪都很复杂，每时每刻都在发生着变化，快乐、激动、悲伤、恐惧、愤怒、忌妒等都可能随时影响我们的心境。事实上，这些情绪都是正常的人应该有的，但面对那些消极的情绪，我们需要懂得扭转，进而转化情绪为你自己所需。有人说，这世界上存在两种人，划分的标准就是他们对待事物的态度，一种是乐观的人，一种是悲观的人。乐观者，他们的脸上总是挂着微笑，似乎没有事情能难倒他们，因此，他们生活得幸福、坦然；而悲观的人，他们似乎总是把眼光盯在事物坏的一面，于是，他们总是感到低迷，整日郁郁寡欢。有句话说得好："乐观者在灾祸中看到机会，悲观者在机会中看到灾祸。"微笑看待人生，好运就不会远离。有这样一则堪称"神奇"的故事：

曾经有一对年过四十的夫妻，他们在进行年度身体检查时，发现自己患了绝症：妻子得了乳腺癌，丈夫患了严重的动脉血管疾病，医生坦言他们只剩下半年时间了。这简直犹如晴天霹雳，他们原本幸福的生活似乎一下子就要破灭了。

然而，这对夫妻并没有就此在哀怨中生活，他们想了想，还有半年时间，足够他们完成这辈子最想做的事了——环球旅行。于是，他们卖掉他们十年前才还清贷款的房子，并很快就出发了。

在他们旅行的过程中，他们几乎忘记了生病这一回事，格外珍惜每一天，他们仿佛回到了二十年前他们刚结婚的时候，那时候，他们没

钱、忙于工作、照顾孩子，但现在他们有机会了，看到他们甜蜜的样子，没有人会想到他们是一对生命即将结束的病人。

五个月后，他们的旅行结束了，按照规定，他们还需要做一次检查，但在看检查结果时，连医生都惊呆了，他发现妻子的癌细胞已经消失，就连丈夫的动脉血管阻塞也好了许多，这个结果让医生感到匪夷所思。

后来，医院就这对夫妇的情况进行了研究，他们认为这是积极情绪的作用，快乐的人脑内会分泌一种安多芬，它会增加体内的淋巴球，进而增强对抗癌细胞的能力，让人重新获得健康。

这简直是个奇迹！因此有人说，积极的心态能够创造人生，积极的心态是成功的源泉，是生命的阳光和温暖，而消极的心态是失败的开始，是生命的无形杀手。所以我们一定要重视情绪的力量，请察觉每一个情绪背后的意义，它可能是死神的召唤，更可能是改变命运之门的钥匙。

的确，乐观就像心灵的一片沃土，为人类所有的美德提供丰富的养分，使它们健康地成长。它使你的心灵更加纯净，意志更加富有弹性。它就像最好的朋友一样陪伴着你的仁慈，像尽职尽责的护士一样呵护着你的耐心，像母亲一样哺育着你的睿智。它是道德和精神最好的滋补剂。马歇尔·霍尔医生曾对自己的病人说过：“乐观的态度，是你最好的药。”所罗门也曾说：“乐观的心态，就是最强劲的兴奋剂。”有一位虔诚的作家，在被人问到该如何抵抗诱惑时回答说：“首先，要有乐观的态度；其次，要有乐观的态度；最后，还是要有乐观的态度。”

杨林在单位里是别人眼中最“幸福”的女人，她的幸福，并不是因为她漂亮、物质生活充足，而是她脸上永远的舒心的笑容。刚结婚那年，她身上就发生了一件不幸的事——因为出车祸，让她烙下了腿部的残疾。但任何一个同事，坐在她的身边就会有一种非常舒服的感觉，因为你会被她的那种温和、乐观的情绪所感染。

残疾对于一个女人来说已经非常不幸了，两个人所组成的家庭里有一部分不完整了，生活中的风风雨雨就可能会“乘虚而入”，但是杨林的家却是幸福和温馨的。她和丈夫之间的感情很好，他们的生活非常快乐。而这一切都是因为她的心态是平和的，她的人格是独立的。她从来不把自己看做是一个残疾人而给丈夫增添更多的心理压力。当丈夫处于事业上的瓶颈期时，她用她乐观的态度鼓励丈夫重整旗鼓，因而她获得了丈夫的主动关怀和爱护，这比自己强迫来的要真实和自然得多，也更踏实得多。

有本书上说过：“思想……能令天堂变地狱，地狱变天堂。”其实生活的快乐或是悲伤的选择权就在你的手中……相信自己能做个乐观的、爱笑的人，相信自己能做个神采飞扬的人，即使残疾，杨林依然选择了让自己快乐、幸福的人生态度——乐观。

日常生活中，丢了钱财，路遇堵车，看起来很倒霉，悲观的人或许会为此懊恼一整天，认为老天对自己不公平，结果心里十分不开心。在工作生活中带着这种郁闷的情绪，这对自己有什么好处呢？反过来，把这些不顺心当作生活中的一部分调料，乐观地看待，你或许会有另外一番心情……抱着这样的态度，看待生活，还会有什么不开心的事，还会有什么烦恼呢？

一位著名的政治家说过：“要想征服世界，首先要征服自己的悲观。”用乐观的态度对待人生，满世界都是“鲜花开放”，而悲观者看人生，则总是“悲秋寂寥”。譬如，同样是春雨霏霏，有人看到的是漫步雨中的浪漫，有人却想到的是潮湿天气带来的不便。同样是满天繁星，一个心态积极的人能在茫茫的夜空中读出星光的灿烂，增强自己对生活的自信；一个心态不正常的人则让黑暗埋藏了自己，而且越藏越深。

用乐观的态度对待人生就要微笑着对待生活，微笑是乐观击败悲观的最有力武器。无论命运给了我们怎样的“礼物”，都不要忘记用自己的微笑看待一切。微笑着，生命才能将利于自己的局面一点点打开。在饱受约束的现实生活中，要让心灵快乐地飞翔，微笑是一种境界。苏轼

《题西林壁》云："横看成岭侧成峰，远近高低各不同。不识庐山真面目，只缘身在此山中。"看似浅显，其实饱含生活哲理。人人要面对红尘命运中的各种磨难和悲辛，身在其中，心思却能够跳脱其外，以那种怀禅的释然，纳海的胸襟，平和的意绪，坦诚地面向未来一切莫测的事变，那么尽享祥和的微笑是不言而喻的。

那么，外面吹着风，你是无奈地拨弄乱发，还是用心品味花草的芬芳？漆黑的夜里，你是缩在屋子的一角，还是走出屋外仰望日月星辰？一个人的时候，你是觉得无聊寂寞，还是找到心灵的宁静的角落？你要做一位乐观的生活强者，还是做一位整日抱怨命运的乞丐？真正的裁判是你自己！

自控小贴士

有这么一句流行的术语：好的情绪带你进天堂，坏的情绪带你住套房，甚至会住进十八层地狱！增强运用情绪的能力，就需要我们做到，时时心存感激，不忘欣赏生活的美好，保持均衡的生活，让每一天都过得有意义。

“装”也是自控，装出来的好心情

我们都有这样的思维，我们的情绪会导致某些行为，比如，生气时我们会骂人，高兴时我们会开怀大笑等，而实际上，我们可以反过来思考，我们的行为也会导致情绪，比如，悲伤时我们会哭泣，但我们哭泣的话，也会引发悲伤的情绪。心理学家提出了一个“假喜真干”的概念，意思就是，你假装自己喜欢做某件事，或从事某件工作，那么，你就会真的喜欢起来。

曾经有报道说，日本人为了改变自己压抑的性格，从而有利于与外向的西方人打交道，他们采取了一种训练笑容的方法：他们在下班之前的半个小时里，会每人拿起一只筷子，横着咬在嘴里，固定好脸部表情后，将筷子取出。此时人的脸部基本维持一个笑容的状态，再发出声音，就像是在笑了。

这种看似荒谬的做法是有科学依据的。心理学家普遍认为除非人们能改变自己的情绪，否则通常不会改变行为。其实，我们在生活中都有这样的体会，当孩子哭泣时，我们会逗他们说：“笑一笑呀！”结果孩子勉强地笑了笑之后，跟着就真的开心起来了，这就很好地说明了情绪的改变将导致行为的改变。

美国著名教育家卡耐基提出：“假如你‘假装’对工作感兴趣，这态度往往就使你的兴趣变成真的。这种态度还能减少疲劳、紧张和忧虑。”

非蒂娜小姐是一位办公室文秘，她的工作就像人们所说的打杂的工

作一样，除了要给经理倒咖啡、买早饭，还要处理一堆琐碎的文件，还得抄写和打字，虽然忙碌，但却枯燥无味，毫无技术含量，她常被累得精疲力竭。后来她想：“这是我的工作，单位对我也不错，我应该把这项工作搞得好一些。”于是，她决定假装喜欢这份讨厌的工作。可是一段时间以后，她居然发现自己真的喜欢上了这份工作。她发现，她的上司是个很和蔼的人，每天和他一起相处很自在，为他效劳，她也很乐意。在处理那些文件时，她更加认真起来，为此，她曾经发现文件中一个数据问题，为公司避免了达数百万元的损失。因为这件事，她被提升了。现在，她总是经常超额完成任务，这种心态的改变所产生的力量，确实神妙无比。

从非蒂娜的工作体验中，我们发现，人的情绪是可以由行为引发的。根据这种观点，人可以通过控制行为的方式来控制自己的情绪。

那么，我们应该如何“伪装”出好心情呢?

最常见的一个办法即是，当你在生气的时候，可以找一面镜子，对着镜子努力做出笑容来，持续几分钟之后，你的心情果真会变得好起来。这种方法叫做“假笑疗法”。

实验证明，这种方法很有效果。每天早上，如果你能先假笑，那么，接下来的一整天，你都会有好心情。我们来看看世界最杰出的十大推销大师之一的日本销售员原一平是如何练习微笑的：

他曾在日本保险界连续15年获得全年的销售冠军，而他成功的杀手锏之一就是“微笑”。他掌握了38种微笑，为了征服一个顾客，曾经使用了30种微笑。

关于长相，可以说，原一平其貌不扬，他只有1.53米。和很多保险推销员一样，在刚开始从事这一行业时，他在半年里都没有卖出去一份保险。那时候，为了生存，他只得睡在公园的长椅上。

原一平知道，单就长相，自己毫无优势可言，但他知道，微笑是获得他人信任的法宝。为了获得这一法宝，原一平开始每天一早就在公园里向每一个所碰到的人微笑，不管对方是否在意或者回报他微笑，他都不在乎。终于有一天，一个常去公园的大老板对原一平的微笑发生了兴趣，他不明白一个吃不饱的人怎么会总是这么快乐。于是，他提出请原一平吃一顿饭，可原一平却请求这位大老板买他的一份保险，老板答应了。接着这位大老板又把原一平介绍给许多商场上的朋友。

通过这件事，原一平初次尝到了微笑的魔力。后来，他通过进一步观察，发现世界上最美的笑是婴儿的笑容，那种天真无邪的笑，散发出诱人的魅力，令人如浴春风，无法抗拒。因此，他开始练习微笑。

有一段时间，他练习得太入迷，因为在路上练习大笑，而被路人误认为神经有问题。他甚至睡觉都常常会“笑”醒，并跑到镜子前去练习。“噢，你看，这种表情正确吗？”他问来到他身旁的妻子。“喂，你有没有搞错！深更半夜爬起来干什么？”“嘘，没什么。”他继续练习。“喏，这个样子好像就对了。”“哎哟，太难看了吧！”“别乱说。现在好些了吗？”“哦，是好看些了。”“这就是痛快的笑啊。”

经过长期的练习，他掌握了38种笑：逗对方转怒为喜的笑，安慰对方的笑，岔开对方话题的笑，消除对方压力的笑，重新修好时的笑，两人意见一致时的笑，吃惊之余的笑，挑战性的笑，大方的笑，含蓄的笑，假装糊涂的笑，心照不宣的笑，遭人拒绝时的苦笑，压抑辛酸的笑，无聊时的笑，郁郁寡欢时的笑，热情的笑，自认倒霉的笑，使对方放心的笑……他的笑达到了炉火纯青的地步，他可以针对不同的客户，展现不同的笑容。用微笑表现出不同的情感反应，用自己的微笑让对方露出笑容。

其实，世界伟大的推销员乔·吉拉德也曾说：“当你笑时，整个世界都在笑。”实际上，微笑给我们带来的，不仅仅是良好的人际关系和顺心的工作状态，更重要的是，我们在训练微笑的过程中，获得了一份好心情，有了好心情，自然万事如意了。

自控小贴士

当我们烦恼时，不妨“装”出一份好心情，多回忆曾经愉快的时光，用微笑来激励自己。正如英国小说家艾略特所说：“行为可以改变人生，正如人生应该决定行为一样。”

转移法调节和消除坏情绪

生活中，我们难免会遇到一些不顺心的事情，不快的情绪如果没有及时得到排解，将会有害身心健康。而且，假如我们凡是遇上不顺心的事情，就将自己不快的情绪发泄到家人或朋友身上，又会伤害身边最亲近的人，甚至影响家庭或同事间的和睦关系。其实，当出现不良情绪时，可以将注意力转移到其他活动上去，忘我地去干一件自己喜欢干的事，如练习书法、打球、上网等，从而将心中的苦闷、烦恼、愤怒、忧愁、焦虑等不良情绪通过这些有情趣的活动得到宣泄。

的确，情绪是一把双刃剑。当情绪被我们牢牢地掌握时，情绪就成为我们驯服的奴隶，我们便随时可以让坏情绪远离我们。无论顺境逆境成功失败得意失意，我们始终能保持冷静的头脑从容面对，泰然处之眼前的事，体现修养和品质。但当情绪占据了我们的生命而挥之不去时，我们便沦为了情绪的奴隶。此时，坏的情绪可能使我们变得盲目、冲动、急躁、易怒，生活的常规被改变，人生的帆船在飘摇，于是失落、伤感、沮丧、绝望接踵而至，甚至歇斯底里，我们最终被情绪逼近了死胡同。其实，谁都有坏情绪，面对坏情绪，只要我们调节，就能及时消除，其中，重要的方法之一就是转移法。

美国金融公司经理伍德亨先生能够取得辉煌的成就，就得益于他年轻时养成的一种调整情绪的习惯。那时，他还是一个公司里的小职员，受到同事们的轻视。

一次，他忍无可忍，决定离开这家公司。临行前，他用红墨水把公

司里每一个人的缺点都写在纸上，将他们骂得体无完肤。骂完后，他的怒气逐渐消去，决定继续留在公司。从那次以后，每当心中愤怒的时候，他总是把满腹牢骚用红墨水写在纸上，立刻感觉轻松不少，就好像一个被放了气的皮球一样。这些纸条一直被他隐藏起来，从不拿给别人看。后来，同事们知道他的这种宣泄怒气的方法后，都觉得他极有涵养。上司知道后，也对他青睐有加。

坏情绪是影响人际关系的“无形杀手”，然而，我们却无一例外地受七情六欲的影响和支配，会被各种情绪所困扰。我们要学会转移，通过其他行为，我们能转移自己的注意力，而逐渐淡化情绪。

每个人都会对身边的事情产生一些负面情绪，但自控能力强的人善于以正确的方式排解心中的不快，而不是将情绪传染给身边的人，让他们成为我们情绪发泄的对象。面对情绪，我们可以通过开展视野的方法，把情绪放走。

小彭和小李在同一家公司上班，两个人关系很好，可是两个人在公司的人缘却不一样，小彭在公司里的人缘很好，待人和善，同事几乎没人看她生过气。可是，小李却是个把喜怒哀乐都挂在脸上的人，为此和很多同事都闹过矛盾。小李不知道小彭是怎样做到这么好的修养的。

有一次，小李准备去小彭家玩，却发现她正在顶楼上对着天上飞过来的飞机吼叫，于是就好奇地问她原因。

她说：“我住的地方靠近机场，每当飞机起落时都会听到巨大的噪声。后来，当我心情不好或是受了委屈、遇到挫折，想要发脾气时，我就会跑上顶楼，等待飞机飞过，然后对着飞机放声大吼。等飞机飞走了，我的不快、怨气也被飞机一并带走了！”

怪不得她的脾气这么好，原来她知道如何适时地宣泄自己的情绪。这下子小李明白了，小彭还告诉小李很多可以发泄自己情绪的方法，比如，到无人的地方大声呼喊、看书等，从而不把这些情绪带到公司和其他场合。

从此以后，小李就尝试着用这些办法发泄自己的不良情绪，果然，这些方法很有效，小李为自己的不良情绪找到了一个出口，把心中堵塞之处疏通了。很多时候，她带给大家的是欢乐，而不是不良情绪，她在公司的人缘一下子好了很多，她的修养也提升了很多。

这里，小彭对于发泄愤怒情绪有自己的一套方法。的确，每个人都会产生不良情绪，比如，愤怒，这很正常，我们不要把这些情绪压抑在心中，因为一味地压抑心中的不快，只能暂时地解决问题，而负面情绪并不会消失，久而久之，就可能填满我们的内心世界，使我们的身心越来越疲惫。因此，除了自我调节和消化外，我们还应该给不良情绪找个宣泄的出口，让它尽快地释放出来，正所谓“堵不如疏”。将负面情绪减小到最低程度。其中，就包括拓展视野法，即通过其他行为来转移视线。具体来说，我们可以做到以下几点：

一、倾诉法。

当你心情不好时，可以找自己最信任的朋友倾诉，但你最好找那些比较冷静、理智的朋友，因为他们能给你提出一些疏导情绪的意见。

二、摔打安全的器物。

如枕头、皮球、沙包等，狠狠地摔打，你会发现当你精疲力竭时，内心是多么畅快。

三、高歌法。

唱歌尤其是高歌，除了愉悦身心外，它还是宣泄紧张和排解不良情绪的有效手段。

四、环境调节法。

心情不好或感到压力大、郁闷不乐时，你可以走出办公室，走出家，去大自然中呼吸新鲜的空气，我们的心绪往往就能很快得到舒缓。如果有条件，还可以进行短期旅游，从而彻底地放松自我。

五、注意力转移法。

当出现不良情绪时，可以将注意力放到其他事情上去，做自己喜欢做的事，比如，打球、上网、跑步等，从而将心中的苦闷、烦恼、愤怒、忧愁、焦虑等不良情绪通过这些有情趣的活动得到宣泄。

可见，一个成熟的人应该有很强的情绪控制能力。无论遇到什么事情，哪怕是违背自己本意的事情，都得控制自己的情绪，不能有过激的言行。唯有如此，才能成就大事，从而达到自己的目标。

自控小贴士

我们不但要控制坏情绪，还要学会转移情绪，当我们被坏情绪所困扰，又不能对他人发泄的时候，不妨尝试着自我调节和放松。心理学家认为，“在发生情绪反应时，大脑中有一个较强的兴奋灶，此时，如果另外建立一个或几个新的兴奋灶，便可抵消或冲淡原来的优势中心。”我们因为某件不顺心的事情烦躁、暴怒的时候，可以有意识地做点别的事情来分散注意力，缓解情绪。

参考文献

[1]王福振.自控力：做自己的情绪掌控师[M].北京：中国城市出版社，2013.

[2]菲尼克.自控术：如何管住自己的生活心理学[M].长沙：湖南文艺出版社，2013.

[3]凯利·麦格尼格尔.自控力[M].北京：印刷工业出版社，2012.